ABHANDLUNGEN DER DEUTSCHEN AKADEMIE
DER WISSENSCHAFTEN ZU BERLIN

Klasse für Chemie, Geologie und Biologie
Jahrgang 1959 Nr. 7

Dr. HANS-DIETRICH KAHLKE

DIE CERVIDENRESTE AUS DEN ALTPLEISTOZÄNEN SANDEN VON MOSBACH (BIEBRICH-WIESBADEN)

TEIL I

Die Geweihe, Gehörne und Gebisse

Mit einem Beitrag von cand. geol. K. A. HÜNERMANN, Darmstadt

Mit 58 Abbildungen und 20 Tafeln

AKADEMIE-VERLAG · BERLIN

1960

Vorgelegt von Hrn. STRESEMANN in der Sitzung vom 22. Januar 1959
Zum Druck genehmigt am gleichen Tage, ausgegeben am 31. August 1960

Erschienen im Akademie-Verlag GmbH, Berlin W 1, Leipziger Straße 3–4

Lizenz-Nr. 202 · 100/415/60
Satz, Druck und Bindung: (IV/5/1) Paul Dünnhaupt, Köthen (Anhalt
Bestellnummer: 2001/59/II/7
Preis: 22,50 DM
Printed in Germany
ES 18 F 4

Herrn Conservator K. Stadelmann, Mainz,

ZUM 50. DIENSTJUBILÄUM

am 1. Juli 1958 gewidmet

Dr. HANS-DIETRICH KAHLKE

Die Cervidenreste aus den altpleistozänen Sanden von Mosbach (Biebrich-Wiesbaden)

TEIL I: DIE GEWEIHE, GEHÖRNE und GEBISSE

Mit einem Beitrag von cand. geol. K. A. HÜNERMANN, Darmstadt

Es ist zu begrüßen, daß der Verfasser in rascher Folge seinen Abhandlungen über die altpleistozänen Hirschformen von Thüringen (Süßenborn und Voigtstedt) die Beschreibung der Funde aus dem Rhein-Main-Gebiet folgen läßt. Abfassung, Methodik und Illustration der neuen Arbeit sind dieselben geblieben wie früher. Das in den letzten Jahren durch den Conservator des Mainzer Museums stark vermehrte Material — es sind dieselben Großhirsche wie in Thüringen; neu ist ein *Cervus elaphoides* — setzt uns instand, zu biologischen, physiologischen, faunistischen und phylogenetischen Fragen Stellung zu nehmen, um so mehr als die Fundstelle im Grenzgebiet des atlantisch-ozeanischen und des kontinental-europäisch-westasiatischen Klimabereiches liegt und eine Zeitspanne von der Günz- bis zur Mindel-Eiszeit umfaßt.

Prof. Dr. W. O. DIETRICH.

VORWORT

Während der Bearbeitung der Cervidenreste aus dem Altpleistozän von Süßenborn bei Weimar und denen von Voigtstedt bei Sangerhausen wurde dem Verfasser von Herrn Prof. Dr. W. O. DIETRICH, Geologisch-Paläontologisches Institut der Humboldt-Universität zu Berlin, empfohlen, auch die Cervidenreste aus dem Altpleistozän von Mosbach zu bearbeiten, da — abgesehen von Darstellungen einzelner Funde bzw. der Rothirsch-Geweihe — die Mosbacher Cervidenreste noch nie zusammenfassend bearbeitet wurden, eine solche Gesamtdarstellung aber dringend erforderlich sei. Ausgehend von ähnlichen Überlegungen wurde, ohne Kenntnis der damals noch nicht veröffentlichten oben genannten Untersuchungen des Verfassers, unter Anleitung von Herrn Prof. Dr. H. TOBIEN an der Universität Mainz eine Dissertation begonnen, die eine erstmalige Bearbeitung der *Alces*-Reste aus den Mosbacher Sanden beabsichtigte. Diese Arbeit war noch nicht über eine erste Materialdurchsicht (Sammlungen zu Darmstadt und Wiesbaden) fortgeschritten, als die Veröffentlichungen des Verfassers erschienen und die durch die Mainzer Dissertation zu erwartenden Ergebnisse vorwegnahm, zumal der Verfasser die Mosbacher Fundstücke der Sammlung des Museums für Naturkunde zu Berlin bereits zum Vergleich heranziehen konnte. — In der vorliegenden Bearbeitung der Cervidenreste aus dem Altpleistozän von Mosbach wird daher das *Alces*-Material der Sammlungen von Darmstadt und Wiesbaden von Herrn cand. geol. K. A. HÜNERMANN, Darmstadt, beschrieben.

Das hier vorgelegte Fundmaterial stammt aus den Sammlungen folgender Institute: Naturhistorisches Museum zu Mainz, Museum für Naturkunde zu Wiesbaden, Landesmuseum zu Darmstadt und Museum für Naturkunde zu Frankfurt a. M. (Senckenberg-Anlage). Weiter wurde das Material ehemaliger Privatsammlungen berücksichtigt, die inzwischen in öffentlichen Besitz übergegangen sind. Die Mosbacher Fossilien der Sammlung des Museums für Naturkunde zu Berlin wurden bereits früher vom Verfasser beschrieben. Den Direktoren der genannten Sammlungen, Herrn Dr. F. NEUBAUR (Wiesbaden), Herrn Prof. Dr. R. RICHTER † (Frankfurt a. M.), Herrn Conservator K. STADELMANN (Mainz) und Herrn Prof. Dr. H. TOBIEN (Darmstadt) möchte ich für die Förderung, die sie meinen Arbeiten zukommen ließen, herzlichst danken. Weiter danke ich Herrn Dr. W. STRUVE, Museum für Naturkunde zu Frankfurt a. M. (Senckenberg-Anlage), Herrn Dr. F. HEINECK und Herrn Dr. K. FILL, Museum zu Wiesbaden und besonders Herrn Dr. J. WEISMANTEL, Naturhistorisches Museum zu Mainz, für ihre freundliche Unterstützung.

Die Sammlung Mosbacher Fossilien des Naturhistorischen Museums zu Mainz wurde im vergangenen Kriege bis auf wenige Stücke zerstört. Besondere Anerkennung verdient daher die unermüdliche Sammelarbeit unseres hochverdienten Jubilars, der in den wenigen Nachkriegsjahren eine neue Sammlung Mosbacher Fossilien zusammenbrachte, die heute bereits wieder die umfangreichste und vollständigste aller genannten Institute ist. Die vorliegende Veröffentlichung, die ohne die Arbeiten unseres Jubilars in diesem Umfange nicht möglich gewesen wäre, soll einen bescheidenen Beitrag zur Würdigung dieser Verdienste darstellen.

Weiter danke ich Herrn Prof. Dr. W. O. DIETRICH, Berlin, für die fachlichen Auskünfte, die er mir immer wieder übermittelte, sowie Herrn Prof. Dr. S. v. BUBNOFF †, Geologisch-Paläontologisches Institut der Humboldt-Universität zu Berlin, Herrn Prof. Dr. K. NOACK und Herrn Prof. Dr. E. STRESEMANN für die Unterstützung meiner Arbeiten.

Aus Gründen der Raumbeschränkung mußten die Verfasser die Materialbeschreibung auf wenige Funde reduzieren und die umfangreichen Maßtabellen zum größten Teil zurückziehen. Die vollständige Arbeit wird deshalb in je einem Exemplar in den Museen zu Weimar und Mainz hinterlegt.

Die Zeichnungen für diese Veröffentlichung wurden von Herrn H. Wöllner, Museum für Ur- und Frühgeschichte Thüringens zu Weimar, angefertigt, die fotografischen Aufnahmen verdanke ich Frl. H. Weinauge, Museum für Ur- und Frühgeschichte, Weimar, und Herrn H. Wöllner. Die Arbeiten wurden mit finanzieller Unterstützung des Staatssekretariats für das Hochschulwesen der Deutschen Demokratischen Republik im Rahmen eines Forschungsauftrages ermöglicht.

Weimar, im September 1958

H.-D. Kahlke

Abkürzungen

M.B. = Museum für Naturkunde Berlin
M.D. = Landesmuseum Darmstadt
M.F. = Museum für Naturkunde zu Frankfurt/Main (Senckenberg-Anlage)
M.M. = Naturhistorisches Museum zu Mainz
M.W. = Museum für Naturkunde zu Wiesbaden

(Die Sammlung zu Darmstadt führt für „Mosbach" nicht die Abkürzung „Mosb.", sondern „Mb.". Aus Gründen der Einheitlichkeit und Übersicht des Textes geben wir hier für alle Sammlungen die Abkürzung „Mosb.")

Material und Methodik

Abgesehen von den wenigen bereits früher veröffentlichten Einzelstücken[1]) ist das von uns bearbeitete Material der genannten Sammlungen nicht mit genauen Horizontangaben versehen, ein Umstand, der die Auswertung der Funde beeinträchtigt und Aussagen über eventuelle Wechsel in der Cervidenfauna während der Sedimentation der Mosbacher Sande, wie sie durch die Aussage der horizontierten Funde von Elefanten und Flußpferden[2]) auch für die Cerviden möglich sind, nicht sicher gestattet. Auch für die Frage horizontmäßiger Aufteilung bzw. Vorherrschens einzelner Formen ist oben genannter Umstand genau so bedauerlich wie für die Frage nach dem Fundhorizont der progressiven Geweihtypen (primitive Kronenbildung) des *Cervus acoronatus* BENINDE. — Diesem Mangel muß durch genaues horizontiertes Sammeln in Zukunft abgeholfen werden.

Dennoch ist sicher, daß die Masse der von uns vorgelegten *acoronatus*-Funde, besonders die der neuen Mainzer Sammlung, aus den mittleren und oberen Schichten (0—10 m Tiefe) stammt, da nach 1945 hauptsächlich diese Horizonte abgebaggert wurden[3]).

Wir können heute auf Grund einiger horizontierter *Orthogonoceros*-Funde[4]) aber aussagen, daß diese einmal dem unteren Horizont der Mosbacher Sande entstammen und somit älter sind als die von Süßenborn, andernmal aber auch in höheren Schichten *Orthogonoceros*-Reste gefunden wurden [5]), die der mittleren Stufe der Mosbacher Sande entsprechen dürften.

Auch das kleine Mandibelbruchstück, das SCHMIDTGEN[6]) einem Damhirsch zuwies, stammt „aus den ältesten Schichten" von Mosbach. — Demgegenüber scheint die einzige bisher bekannt gewordene Ren-Stange[7]) aus dem oberen Horizont zu kommen.

In Übereinstimmung mit anderen fluviatilen Fundstellen wurden auch in den Mosbacher Sanden bisher nur wenige zusammengehörende Funde (Geweihe und Zahnreihen) geborgen. Die Zuordnung der isolierten Zahnfunde zu den nach den Geweihen unterschiedenen Arten macht aber keine Schwierigkeiten, da inzwischen genügend Vergleichsmaterial von anderen Fundstellen vorliegt.

Zur Methodik der vorliegenden Arbeit ist zu sagen, daß sie sich eng an die der vorhergegangenen dieser Veröffentlichungsreihe anlehnt. Die Beschreibung der einzelnen Zahnelemente sowie der Geweihe erfolgt in deutschen Termini, da es heute allgemein anerkannte, international gebräuchliche nicht gibt. Der beste Beweis für diese Meinung ist die vor kurzem in der Palaeontographica erschienene Arbeit von Dr. F. A. OBERGFELL, in der die Autorin, um Details besser beschreiben zu können, wiederum neue Bezeichnungen für die einzelnen Bauelemente der Cervidenzähne vorschlagen muß. International gebräuchliche Namen für die einzelnen Teile des Geweihes existieren ebenfalls nicht (vgl. auch E. v. LEHMANN, 1959, S. 55). Diese Feststellungen nur als Erwiderung zu einigen Besprechungen früherer Veröffentlichungen dieser Reihe.

---

[1]) SOERGEL, W., 1927.
SOERGEL, W., 1927a.

[2]) SOERGEL, W., 1914, S. 237, 239. Inzwischen liegt auch *Hippopotamus antiquus* DESMAREST aus der mittleren Stufe der Sande vor.
ADAM, K. D., 1952, S. 233/34.

[3]) Schriftliche Mitteilung von Herrn Conservator STADELMANN, Mainz.

[4]) SOERGEL, W., 1927 und 1927a.

[5]) Funde der Mainzer Sammlung, die nach 1945 geborgen wurden.

[6]) SCHMIDTGEN, O., 1930, S. 114.

[7]) SOERGEL, W., 1940, S. 391.

Geologie, Biostratonomie und Chronologie

(Überblick)[8])

Die „Mosbacher Sande" — eine Sammelbezeichnung für altpleistozäne Sedimente des untersten Maintals und des Mainmündungsgebietes — erreichen eine durchschnittliche Mächtigkeit von 14—15 m, maximal (bei Kriftel) von 25 m. Sie werden in drei petrographisch wie faunistisch zu unterscheidende Stufen geteilt.

Obere Stufe:

Die hangenden Schichten sind durch das Vorherrschen feinerer Sande gekennzeichnet. Kieslagen fehlen. *Mammuthus trogontherii* (POHLIG) zeigt bereits primigenoide Merkmale im Molarenbau[9]). Aus diesem Horizont scheint auch die einzige bisher bekannte Ren-Stange der „Mosbacher Sande" zu stammen[10]).

Gulo gulo (LINNÉ)
Rangifer sp.
Mammuthus trogontherrii (POHLIG)

Mittlere Stufe:

Mosbacher Sand s. str. (Mächtigkeit bis 12,5 m). Diese Ablagerungen bestehen hauptsächlich aus kalkreichen, hellgrauen Sanden in Transversalschichtung. „Sie werden von 3—4 bis 0,50 m starken Kiesbändern durchzogen ... Die unteren 6 m der Sande enthalten in der Hauptsache die zahlreichen Säugetierreste"[11]), die „Mosbacher Hauptsäugetierfauna":

Talpa sp.
Desmana moschata mosbachensis (SCHMIDTGEN)
Sorex sp.
Cricetus cricetus (LINNÉ)
Castor fiber LINNÉ
Trogontherium cuvieri FISCHER v. WALDHEIM
Arvicola mosbachensis SCHMIDTGEN
Arvicola greenii HINTON
Pitymys schmidtgeni HELLER
Microtus subarvalis HELLER
Lepus sp.
Mustela nivalis (LINNÉ)
Putorius putorius (LINNÉ)
Canis mosbachensis SOERGEL
Cuon priscus THENIUS
Panthera cf. leo (LINNÉ)
Panthera pardus (LINNÉ)
Lynx lynx arvernensis (CROIZET)
Hyaena mosbachensis GEIB
? Gulo gulo (LINNÉ)
Gulo schlosseri KORMOS

8) Eine Revision der Mosbacher Säugetierfauna ist in Vorbereitung.
9) ADAM, K. D., 1952, S. 230.
10) SOERGEL, W., 1940, S. 391.
11) WAGNER, W., 1950, S. 179.

Meles meles (LINNÉ)
Ursus deningeri v. REICHENAU
Ursus stehlini KRETZOI
Mammuthus trogontherii (POHLIG)
Palaeoloxodon antiquus (FALCONER)
Dicerorhinus kirchbergensis (JÄGER)
Dicerorhinus etruscus (FALCONER)
Hippopotamus antiquus DESMAREST
Equus mosbachensis v. REICHENAU
Bison priscus (BOJANUS)
Bison schoetensacki FREUDENBERG
Ovis sp.
Praeovibos schmidtgeni SCHERTZ
Alces latifrons (JOHNSON)
Orthogonoceros verticornis (DAWKINS)
Orthogonoceros sp.
Dolichodoryceros sp.
Cervus acoronatus BENINDE
Cervus elaphoides n. sp.
Capreolus süssenbornensis KAHLKE
Sus scrofa LINNÉ (= *Sus scrofa mosbachensis* KÜHTE).

Untere Stufe:

Basiszone, *meridionalis*-Stufe[12]) Mächtigkeit etwa 1,5—5,0 m. Diese Zone, die vorwiegend aus gröberem Material mit großen Buntsandstein- und Muschelkalk-Driftblöcken besteht, führt folgende Fauna:

Trogontherium cuvieri FISCHER V. WALDHEIM
Anancus arvernensis (CROIZET und JOBERT)
Archidiskodon meridionalis (NESTI)[13])
Palaeoloxodon antiquus (FALCONER)
Dicerorhinus etruscus (FALCONER)
Hippopotamus antiquus DESMAREST
Alces latifrons (JOHNSON)[14])
Orthogonoceros verticornis (DAWKINS)
Cervus acoronatus BENINDE

Die Basiszone des Mosbacher Sandes s. l. liegt einer unregelmäßigen Hydrobienkalkoberfläche auf. Die Grenze zwischen Basiszone und Mosbacher Sand s. str. läßt auf eine Diskordanz (Talausräumung) schließen.

Die Mosbacher Sande s. l. liegen im rechtsrheinischen Gebiet der Rheinebene, die bis zur Sedimentation der Oberen Stufe noch Akkumulations-, also Senkungsgebiet war. Nach Ablagerung der hangenden Sande wurde es „in das Gebiet der allgemeinen Aufwärtsbewegung einbegriffen, aus dem Senkungsbereich ... entfernt und somit natürlich auch der Flußakkumulation entzogen. Der Mosbacher Komplex wurde zu einer morphologisch als Terrasse erscheinenden Bruch-

[12]) SOERGEL, W., 1914, S. 237.
[13]) Mehr oder weniger nach *Mammuthus trogontherii* (POHLIG) tendierend.
[14]) Mit mehr oder weniger langen Tragstangen.

stufe"[15]). Auch die kleinen Verwerfungen, die ab und zu in den Sandgruben zu beobachten sind, sprechen dafür, daß die Mosbacher Sande s. l. dem tektonischen Randgebiet des Rheintalgrabens angehören.

Es würde für diese Übersicht zu weit führen, die früheren Auffassungen über das Alter der Mosbacher Sande s. l. bzw. über die Einweisung der Faunen in das Gliederungsschema des Altpleistozäns zu zitieren. Wir geben daher nur die Ansichten einiger, meist späterer Bearbeiter wieder (Alpines System)[16]:

	W. Soergel 1925	F. Heller 1949	G. Wagner 1950	K. D. Adam 1952 u. 1953
Obere Stufe	Mindel-Glazial*		Mindel-Glazial	Mindel-Eiszeit
Mittlere Stufe	Vorstoß-phase des Mindel II-Glazials	Günz II-Mindel I-Inter-glazial	Günz-Mindel-Inter-glazial	Jüngere Steppen-zeit
Untere Stufe	Alt-Dilu-vium vor Mindel I-Glazial	Günz I-Glazial vielleicht auch Günz I-Günz II-Interstadial	Günz-Glazial	Ältere Steppenzeit

* Soergel, W., 1940, S. 391.

Vergleichen wir die Fauna des Mosbacher Sandes s. str. mit der von Süßenborn, so kann festgestellt werden, daß die von Mosbach neben wenigen älteren Formen (z. B. *Trogontherium cuvieri* F. v. W., der von Süßenborn aber auch in einigen Zähnen vorliegt; Sammlung Soergel, jetzt in Stuttgart) und solchen, die fazielle Unterschiede aufzeigen [*Palaeoloxodon antiquus* (Falc.), in wenigen Exemplaren auch von Süßenborn nachgewiesen, *Dicerorhinus kirchbergensis* (Jaeg.)], die gleichen Formen wie die von Süßenborn führt.

Wir haben in dem Mosbacher Sand s. str. lediglich die östlichsten Ausläufer der atlantischen Altpleistozän-Fazies der großen Stromgebiete (*Hippopotamus antiquus* Desmarest) vor uns, die sich hier mit Formen der altpleistozänen Steppenfazies des europäisch-westasiatischen Kontinental-Gebietes mischen (Steppenhirsche).

Wie die Fauna von Süßenborn repräsentieren die Mosbacher Sande s. str. das Ende des Günz-Mindel-Interglazials und die frühen Vorstoßphasen des Mindel/Elster-Glazials.

[15]) Wagner, W., 1950, S. 180.
[16]) Vgl. auch Adam, K. D., 1952, S. 231.

FAMILIE: *Cervidae* GRAY 1821

GENUS: *Alces* GRAY 1821

Alces latifrons (JOHNS.) 1874

Geweihreste dieses Elches wurden im Anfang der Erforschung der Säugetierfauna aus den Mosbacher Sanden teilweise als „*Cervus euryceros*" bestimmt[17]), teilweise auch „*Alces palmatus*" zugewiesen. F. KINKELIN (1889) war der erste, der *Alces latifrons* (JOHNS.) in der Faunenliste des Mosbacher Sandes führte, zugleich das Vorhandensein von *Alces alces* (L.) in Frage stellte[18]), diese Art aber noch als fraglich in seiner Faunenliste führte[19]). SCHROEDER (1898) schloß sich dieser Meinung an, strich aber nach erneuter Untersuchung des Materials die Art *Alces alces* (L.)[20]). Seit dieser Zeit führen die Faunenlisten nur *Alces latifrons* (JOHNS.)[21]).

Erst 1938 findet sich wieder bei SCHMIDTGEN[22]) eine Notiz, aus der mit Sicherheit gefolgert werden kann, daß der Autor neben *Alces latifrons* (JOHNS.) auch das Vorkommen von *Alces alces* (L.) in den Mosbacher Sanden als gesichert betrachtet. Dem Charakter dieser Veröffentlichung[23]) entsprechend mußte SCHMIDTGEN damals wohl auf Vorlage von Beweismaterial verzichten, was recht bedauerlich ist, da das Material von Mainz, auf das sich SCHMIDTGEN doch sicher stützte, im letzten Krieg fast vollständig zerstört wurde. — Nach dem uns bekannten Material zu urteilen ist *Alces alces* (L.) nicht Bestandteil der altpleistozänen Mosbacher Fauna gewesen.

Zugleich können wir aber auch aufzeigen, daß doch gewisse Verschiedenheiten in der Ausbildung der Schaufel der *latifrons*-Elche dieses Fundortes festzustellen sind. Die beiden Geweihe aus den untersten Schichten der Mosbacher Sande[24]) zeigen viel längere „Stangen" als solche aus den hangenden Lagen und erinnern somit, da auch die Schaufeln geringer ausgebildet sind an Elch-Geweihe (*Libralces gallicus* AZZAROLI) aus dem Villafranchium von Senèze. Sollte sich dieser Unterschied durch weitere Funde erhärten, so haben wir zwar keinen Beweis dafür, daß *Alces latifrons* (JOHNS.) und *Alces alces* (L.) neben- oder nacheinander in diesem Gebiete lebten[25]), sondern nur die Bestätigung der von uns an anderer Stelle aufgezeigten Geweihentwicklung der *latifrons*-Elche[26]).

---

17) SANDBERGER, 1875; KOCH, 1880; ANDREAE, 1884; (vgl. hierzu ROEMER, 1887; KINKELIN, 1889 und 1892; SCHROEDER 1898).

18) „So fehlt mir auch ein sicherer Beweis für die Existenz von *Alces palmatus* KLEIN sp., der charakteristische kurze Bau des Geweihes eines solchen ist mir noch nicht zu Gesicht gekommen ..." (KINKELIN 1892, S. 260).

19) KINKELIN, 1889, S. 104/05 und SCHROEDER, 1898, S. 214.

20) SCHROEDER, 1898, S. 214 u. 219.

21) REICHENAU, W. v., 1900, S. 56 und 1910, S. 120, SOERGEL, W. 1914, S. 234 usw.

22) SCHMIDTGEN, O., 1938, S. 141.

23) Überblick über die Fauna aus den Mosbacher Sanden für das Erinnerungswerk der Jagdausstellung in Berlin 1937.

24) Vgl. REICHENAU, W. v., 1900, S. 56.

Diese Horizonte sind nach schriftlicher Mitteilung von Conservator STADELMANN, Mainz, zur Zeit nicht aufgeschlossen. Die Funde stammen aus alten Sammlungsbeständen.

25) SCHMIDTGEN, O., 1938, S. 141.

26) KAHLKE, H.-D., 1956, Süßenborn, Teil I, S. 7—10.

Die Funde aus den altpleistozänen Sanden von Mosbach bei Wiesbaden

Beschreibung des Materials (Tafelabb. 1—7 und Abb. 1—23)

A. Die Geweihe

1. Die schädelechten Geweihe bzw. Schaufeln

Beschreibung des Fossils Mosb. 1945/144 (M.M., Tafelabb. 1), schädelechtes Geweih[27].

a) Schädel: Vom Schädel sind die Frontalia und der Hirnschädel erhalten[28].

b) Rechte Schaufel: Die flach-gewölbte Schaufel, die an einer langen, leicht gebogenen Stange steht, ist nur teilweise erhalten; bis auf den ersten fehlen alle Schaufelsprosse. Dieser erste Schaufelsproß ist außergewöhnlich stark ausgebildet und weit nach innen gebogen. In der Schaufelgröße scheint dieses Geweih zwischen dem Fossil Mosb. 1945/145 und denen aus den hangenden Schichten zu vermitteln.

c) Linke Schaufel: Links ist nur die „Stange" erhalten, die Schaufel fehlt fast vollständig.

Beschreibung des Fossils Mosb. 1945/145 (M.M., Tafelabb. 2), schädelechtes Geweih.

a) Schädel: Vom Schädel sind die Frontalia zum Teil und der Hirnschädel erhalten.

b) Rechte Schaufel: Das Geweih zeigt die kleinste bisher aus den Mosbacher Sanden bekannte Schaufel, die an solche aus dem Villafranchium von Senèze erinnert. Sicher horizontierte Elch-Mandibeln aus dem unteren Horizont von Mosbach liegen zur Beurteilung nicht vor.
Die rechte Schaufel ist nur teilweise erhalten. Die Rose ist grob geperlt, die Stange ist lang und leicht gebogen. Auch an dieser Schaufel ist der erste Sproß stark ausgebildet und weit nach innen gebogen.

c) Linke Schaufel: Von der linken Schaufel sind die beiden vorderen Hauptsprosse teilweise erhalten. Wie auf der rechten Seite ist die Stange lang und leicht gebogen.

Beschreibung des Fossils Mosb. 1949/76 (M.M.), schädelechtes Geweih.

a) Schädel: Der Schädel zeigt ebenfalls die fast typisch zu nennende Erhaltung fluviatiler Sedimente: die Nasalia, Frontalia und Teile des Hirnschädels liegen vor. Die Schaufeln besitzen kaum feste Verbindung mit den Rosenstöcken, wahrscheinlich verendete der Hirsch kurz vor dem Abwerfen der Schaufeln.

b) Rechte Schaufel: Von der rechten Schaufel sind nur die proximalen Partien erhalten. Der „Stiel" (= „Stange") ist lang und leicht gebogen.

c) Linke Schaufel: Im Gegensatz zur rechten Schaufel ist die linke relativ gut erhalten. Die Anordnung der Schaufelsprosse zeigt gegenüber den Typus-Geweihen keine Besonderheiten. Distal ist die Schaufel leicht aufgebogen.

---

[27]) Fundstück der alten Sammlung, nach 1945 neu katalogisiert. Das Fossil ist mangelhaft konserviert.

[28]) Die Bearbeitung der Schädel folgt im Teil II.

Maße der Geweihe (in cm)

	Mosb.		Mosb.		Mosb.	
Nummer des Fossils (Sammlung)	1949/76 (M. M.)		1945/144 (M. M.)		1945/145 (M. M.)[29]	
Gesamtlänge des Fossils (Schädelreste einbegriffen)	ca. 180 (erhaltene Auslage)		ca. 149,5 (erhaltene Auslage)		ca. 165,3 (erhaltene Auslage)	
Schaufel	dex.	sin.	dex.	sin.	dex.	sin.
Schaufellänge (Rose bis Endbruchstelle)	65,5	82,8	70,5	66,5	81,4	
Umfang des Rosenstocks (unterhalb Rose)		21,2	20,1	19,9		
Rosenumfang	27,4	27,8**	ca. 25,9	25,4		
Durchmesser der Rose (horizontal)	8,0		7,7	7,7		
Durchmesser der Rose(vertikal)	8,7	ca. 9,0	8,2	8,1		
Stangenumfang oberhalb der Rose	20,5	21,0	19,2	18,9	ca. 21,9	ca. 21,7
Stangendurchmesser oberhalb der Rose (horizontal)	6,0	6,7	5,8	5,9	6,6	6,7
Stangendurchmesser oberhalb der Rose (vertikal)	6,6	7,2	6,5	6,4	7,0	6,8
Stangenumfang unterhalb der Schaufel	19,8	ca. 19,5	ca. 19,2	20,4	24,9	22,4
Stangendurchmesser unterhalb der Schaufel (horizontal)	6,6	6,6	6,5	7,2	8,2	ca. 8,8
Stangendurchmesser unterhalb der Schaufel (vertikal)	4,9		4,5	3,9	4,8	4,8
Länge Rose bis Schaufel (= „Stiel“)	35,5	37,6	38,9	40,6	41,7	40,3
Größte Breite der (erhaltenen) Schaufel	57,2	33,5	72,7	56,4	108,7	42,7
Stärke der Schaufel (in der Mitte)	0,9—1,2	1,0—1,3	0,9—2,7	1,1—1,6	0,9—1,6	1,2—1,8
Stärke der Schaufel (Vorderrand)	2,3—3,2	2,8—3,2	2,1—2,6	1,8—2,6	2,1—3,4	3,1—3,6
Stärke der Schaufel (Hinterrand)	3,1—3,9		2,8—3,6	2,7—3,5	3,2—4,1	
Länge des ersten Schaufelsprosses		27,4	49,6	15,8*	50,7	10,5*
Durchmesser des ersten Schaufelsprosses (basal, horizontal)		7,6	6,8	6,2	8,6	8,4
Durchmesser des ersten Schaufelsprosses (basal, vertikal)		3,5	4,9	3,1	4,2	3,8
Umfang des ersten Schaufelsprosses (basal)		18,6	16,1	14,8	22,0	21,2
Länge des zweiten Schaufelsprosses		25,5*			8,5*	
Durchmesser des zweiten Schaufelsprosses (basal, horizontal)		5,9			7,8	
Durchmesser des zweiten Schaufelsprosses (basal, vertikal)		3,1			3,5	
Umfang des zweiten Schaufelsprosses (basal)		14,3			19,3	
Länge des dritten Schaufelsprosses		14,9*				
Durchmesser des dritten Schaufelsprosses (basal, horizontal)		4,5				
Durchmesser des dritten Schaufelsprosses (basal, vertikal)		2,7				
Umfang des dritten Schaufelsprosses (basal)		12,4				
Länge des vierten Schaufelsprosses		10,2*				
Durchmesser des vierten Schaufelsprosses (basal, horizontal)		4,0				
Durchmesser des vierten Schaufelsprosses (basal, vertikal)		2,2				
Umfang des vierten Schaufelsprosses (basal)		9,7				
Länge des fünften Schaufelsprosses		9,6				
Durchmesser des fünften Schaufelsprosses (basal, horizontal)		3,4				
Durchmesser des fünften Schaufelsprosses (basal, vertikal)		2,0				
Umfang des fünften Schaufelsprosses (basal)		9,5				
Länge des sechsten Schaufelsprosses		11,0				
Durchmesser des sechsten Schaufelsprosses (basal, horizontal)		4,3				
Durchmesser des sechsten Schaufelsprosses (basal, vertikal)		2,1				
Umfang des sechsten Schaufelsprosses (basal)		9,9				
Länge des siebenten Schaufelsprosses		9,2*				
Durchmesser des siebenten Schaufelsprosses (basal, horizontal)						
Durchmesser des siebenten Schaufelsprosses (basal, vertikal)		1,9				

[29]) Wahrscheinlich das (beim Bombenangriff auf Mainz teilweise zerstörte) von v. REICHENAU, 1900, S. 56 abgebildete Geweih.

* Bis zum Abbruch.

** Abgerollt bzw. abgebrochen.

Maße der schädelechten Schaufeln (in cm)

	Mosb.	Mosb.	Mosb.
Nummer des Fossils	1957/477 (M.M.)[30]	1947/678 (M. M.)	1956/862 (M. M.)
Gesamtlänge des Fossils (Schädelrest einbegriffen)	57,9	45,2	59,5
Schaufellänge (Rose bis Endbruchstelle)	56,0	33,4	47,6
Umfang des Rosenstocks (unterhalb Rose)		22,9	18,5
Rosenumfang	26,9	28,8	24,1
Durchmesser der Rose (horizontal)	8,9	9,2	7,3
Durchmesser der Rose (vertikal)	8,1	8,6	7,5
Stangenumfang oberhalb der Rose	19,5	21,6	19,9
Stangendurchmesser oberhalb der Rose (horizontal)	6,2	6,9	6,1
Stangendurchmesser oberhalb der Rose (vertikal)	6,3	6,7	6,0
Stangenumfang unterhalb der Schaufel	19,5	20,3	18,7
Stangendurchmesser unterhalb der Schaufel (horizontal)	6,9	7,8	7,0
Stangendurchmesser unterhalb der Schaufel (vertikal)	4,5	4,9	4,8
Länge Rose bis Schaufel (= „Stiel“)	31,8	30,9	35,5
Größte Breite der (erhaltenen) Schaufel			
Stärke der Schaufel (in der Mitte)	0,8—11,7		
Stärke der Schaufel (Vorderrand)	3,35		
Stärke der Schaufel (Hinterrand)			
Länge des ersten Schaufelsprosses	12,4*		
Durchmesser des ersten Schaufelsprosses (basal, horizontal)	5,1		
Durchmesser des ersten Schaufelsprosses (basal, vertikal)	3,1		
Umfang des ersten Schaufelsprosses (basal)	13,5		

[30]) Es liegen Bruchstücke des Schädels vor. Wahrscheinlich war die Stange noch mit dem Schädel vereinigt, die Lösung aber schon weit vorangetrieben; das Individuum starb also kurz vor dem Abwerfen der Schaufel.

* Bis zum Abbruch.

2. Die Abwurfschaufeln[31])

Beschreibung des Fossils Mosb. 1946/11 (M.M., Tafelabb. 3), linke Abwurfschaufel.

Diese Schaufel, die aus dem mittleren Horizont stammt, ist das bisher am besten erhaltene Fossil dieser Art aus den Sanden von Mosbach. Nach der proximalen Stangenpartie zu urteilen wurde die Schaufel von einem alten Hirsch abgeworfen. Bis auf eine geringe Beschädigung zwischen dem Hinterrand der Schaufel und dem fünften Schaufelsproß ist der Abwurf vollständig erhalten. In Übereinstimmung mit allen bisher bekannten Schaufeln ist auch an dieser der erste Sproß am stärksten ausgebildet und weit nach innen gebogen. Die Schaufel ist leicht „gewellt" und hinten aufgebogen.

Maße der Abwurfschaufel (in cm)	Mosb.
Nummer des Fossils	1946/11 (M. M.)
Länge des Fossils (Rose bis Endbruchstelle)	110,7
Rosenumfang	ca. 32,5*
Durchmesser der Rose (horizontal)	ca. 10,4*
Durchmesser der Rose (vertikal)	ca. 10,5*
Stangenumfang oberhalb der Rose	25,2
Stangendurchmesser oberhalb der Rose (horizontal)	8,1
Stangendurchmesser oderhalb der Rose (vertikal)	7,8
Stangenumfang unterhalb der Schaufel	27,6
Stangendurchmesser unterhalb der Schaufel (horizontal)	11,6
Stangendurchmesser unterhalb der Schaufel (vertikal)	5,7
Länge Rose bis Schaufel (=„Stiel")	38,5
Größte Breite der (erhaltenen) Schaufel	126,2
Stärke der Schaufel (in der Mitte)	1,4—2,2
Stärke der Schaufel (Vorderrand)	3,8—4,7
Stärke der Schaufel (Hinterrand)	4,5—4,9
Länge des ersten Schaufelsprosses	49,6
Durchmesser des ersten Schaufelsprosses (basal, horizontal)	8,5
Durchmesser des ersten Schaufelsprosses (basal, vertikal)	4,8
Umfang des ersten Schaufelsprosses (basal)	21,4
Länge des zweiten Schaufelsprosses	25,5
Durchmesser des zweiten Schaufelsprosses (basal, horizontal)	10,5
Durchmesser des zweiten Schaufelsprosses (basal, vertikal)	6,4
Umfang des zweiten Schaufelsprosses (basal)	23,2
Länge des dritten Schaufelsprosses	29,1
Durchmesser des dritten Schaufelsprosses (basal, horizontal)	7,8
Durchmesser des dritten Schaufelsprosses (basal, vertikal)	3,6
Umfang des dritten Schaufelsprosses (basal)	18,3
Länge des vierten Schaufelsprosses	20,1
Durchmesser des vierten Schaufelsprosses (basal, horizontal)	5,1
Durchmesser des vierten Schaufelsprosses (basal, vertikal)	2,9
Umfang des vierten Schaufelsprosses (basal)	13,1
Länge des fünften Schaufelsprosses	9,4
Durchmesser des fünften Schaufelsprosses (basal, horizontal)	4,3
Durchmesser des fünften Schaufelsprosses (basal, vertikal)	2,4
Umfang des fünften Schaufelsprosses	11,8
Länge des Schaufelendes	21,2

* Teilweise abgerollt.

[31]) Vgl. auch Kahlke, H.-D., 1956, Süßenborn, Teil I, S. 5—6, T. 4—5.

Beschreibung eines abnormen Schaufelfragmentes[32]).

1938 machte SCHMIDTGEN die Abwurfschaufel eines alten Hirsches bekannt, auf dessen Rose, „und zwar senkrecht zur hinteren Schaufelfläche, ein Sproß sitzt. Er hat die Länge von 152 mm, an seiner Basis einen Umfang von 140 mm. Sein Querschnitt ist unregelmäßig. Es sieht so aus, als ob zwei Sprossen, eine größere und eine kleinere, längs miteinander verwachsen wären ... Es handelt sich hier sicher um eine Neubildung, welche durch eine Verletzung an der Rose entstanden ist" (S. 335) und, wie SCHMIDTGEN aufzeigte, morphologisch mit Elch-Stangen vom ersten Kopf („Elch-Spießer") übereinstimmt.

B. Die Zähne

1. Unterkiefer[33])

Beschreibung des Fossils Mosb. 1954/670 (M.M., Tafelabb. 4 und Abb. 1), linkes Unterkieferbruchstück mit P_2—M_3.

P_2sin. Die nur teilweise angekaute Zahnkrone zeigt eine ausgeprägte Gabelung der vierten (= vorderen) Schlinge. Die anderen Schlingen (= Kulissen) sind normal ausgebildet. Basalleisten sind nicht vorhanden. Auf der Außenseite des Zahnes, gegenüber den beiden hinteren nach innen zeigenden Schlingen, steht eine geringe Vertikalfurche.

P_3sin. Die vierte Schlinge dieses Zahnes zeigt eine tiefe Gabelung. Der hintere Gabelzinken ist mit der wandartigen Ausstülpung der dritten Schlinge, die parallel der Zahnachse verläuft, verschmolzen. An der Außenseite des Zahnes, gegenüber den beiden hinteren Schlingen, steht eine flache Vertikalfurche. Basalleisten sind nicht vorhanden.

P_4sin. Der Zahn zeigt keine Besonderheiten, Basalleisten sind nicht vorhanden.

M_1sin. Die Zahnkrone zeigt zwischen den Prismen eine besonders starke Basalsäule. Am Vorderprisma ist vorn außen eine geringe Basalleiste vorhanden.

M_2sin. Die Basalsäule des Zahnes ist geringer ausgebildet, schwache Basalleisten sind vorhanden.

M_3sin. Die Zahnkrone ist fast vollständig erhalten. Zwischen den Prismen steht eine schlanke, etwas nach außen gebogene Basalsäule. Am Vorderprisma zieht vorn eine geringe Basalleiste hoch.
Die Halbmonde der Zähne stehen sehr schräg zur Zahnlängsachse.

Beschreibung des Fossils Mosb. 1956/861 (M.M., Abb. 2), rechtes Unterkieferbruchstück mit P_2—M_3.

Einzelheiten der Prämolaren sind wegen der starken Abkauung nicht zu erkennen.

P_2dex. Die vollständig erhaltene Zahnkrone zeigt eine tiefe Abkauung aller Kulissen. Soweit die Abkauung eine Beurteilung noch zuläßt war die vordere Schlinge wenig oder nicht gegabelt. Die Vertikalfurchung auf der Zahnaußenseite, gegenüber den beiden hinteren, nach innen zeigenden Kulissen ist wenig ausgebildet. Basalleisten sind nicht vorhanden.

P_3dex. Durch die Abkauung sind die beiden vorderen Kulissen fast vollständig verschmolzen.

---

[32]) Original beim Bombenangriff auf Mainz zerstört (Abbildung bei SCHMIDTGEN, 1938). Vgl. weiter E. v. LEHMANN, 1959, S. 63 und Tafel IV, 16.

[33]) Vgl. KAHLKE, H.-D., Teil II. S. 5, 1956 (Unterkieferbruchstücke aus dem Altpleistozän von Mosbach, Sammlung des Museums für Naturkunde zu Berlin, dazu Tafel 5—6 und Abb. 7—9, Vergleichsmaterial für Süßenborn).

Nur eine kleine isolierte Marke ist noch vorhanden. Wie am vorderen Prämolar ist die hintere Vertikalfurchung sehr schwach ausgebildet. Basalleisten sind nicht vorhanden.

P_4dex. Die Zahnkrone ist normal ausgebildet, Basalleisten fehlen.

M_1dex. Die Zahnkrone ist vollständig erhalten. Durch die tiefe Abkauung ist die starke Basalsäule mit dem Vorderhalbmond des hinteren Prismas vollständig verschmolzen. Auch das Vorderprisma zeigt nur noch eine geringe isolierte Marke. Eine Basalleiste ist durch die tiefe Abkauung nicht festzustellen. Besonders deutlich (Aufsicht) zeigt dieser Zahn am Vorderprisma Spuren der *Palaeomeryx*-Falte.

M_2dex. Die vollständig erhaltene, weniger tief abgekaute Zahnkrone zeigt die geringere Basalsäule. Vorn außen ist eine schwache Basalleiste zu erkennen. Auch dieser Zahn zeigt „geringe Spuren" der *Palaeomeryx*-Falte.

M_3dex. Die vollständig erhaltene Zahnkrone zeigt zwischen den Prismen eine normalstarke Basalsäule. Am Vorderprisma zieht eine kräftige, zum größten Teil aber abgekaute Basalleiste hoch. Am Talon steht außen eine geringe Vertikalfurche.
Vorder- wie Hinterhalbmonde stehen schräg zur Zahnlängsachse.

Beschreibung des Fossils Mosb. 1957/12 (M.M., Tafelabb. 5 und Abb. 3), rechtes Unterkieferbruchstück mit P_2, P_4 und M_{1-3}.

P_2dex. Die vordere Kulisse, die noch nicht angekaut ist, zeigt eine schwache vertikale Furchung der Innenwand, die angekaut als geringe Gabelung dieser Schlinge erscheinen würde. Gegenüber den beiden hinteren Schlingen, auf der Zahnaußenwand ist nur eine flache Vertikalfurche ausgebildet. Basalleisten sind nicht vorhanden.

P_3dex. fehlt (Wurzeln in der Alveole vorhanden).

P_4dex. Die vollständig erhaltene Zahnkrone zeigt zwischen den Prismen eine geringe Basalsäule. Auch am Vorderprisma vorn außen zieht eine relativ starke Basalleiste hoch.

M_1dex. Die nur wenig beschädigte Zahnkrone zeigt zwischen den Prismen die starke Basalsäule. Im Verhältnis zu P_4 und M_2 ist die Basalleiste des Vorderprismas sehr schwach ausgebildet. Auch dieser Zahn zeigt eine „Spur" der *Palaeomeryx*-Falte.

M_2dex. Die Zahnkrone zeigt zwischen den Prismen eine recht starke Basalsäule, die aber schwächer ist als die des M_1. Am Vorderprisma, außen, zieht eine starke Basalleiste hoch.

M_3dex. Die vollständig erhaltene Zahnkrone zeigt zwischen den Prismen eine außerordentlich kräftige Basalsäule. Auch am Vorderprisma zieht eine kräftige Basalleiste nach oben. Zwischen dem weit ausladendem Talon und dem hinteren Prisma findet sich ebenfalls eine Basalsäule.
Vorder- und Hinterhalbmonde der Molaren stehen sehr schräg zur Zahnlängsachse.

Beschreibung des Fossils Mosb. 151 (M.W., Abb. 4), linkes Unterkieferbruchstück mit P_2—M_1.

P_2sin. Die vordere Kulisse der vollständig erhaltenen Zahnkrone, die nur wenig angekaut ist, zeigt keine Furchung der Innenwand. Auch die zweite nach innen zeigende Kulisse ist sehr schwach ausgebildet. Gegenüber den beiden hinteren Kulissen, auf der Zahnaußenwand, ist eine nur sehr schwache vertikale Furchung zu erkennen. Basalleisten sind nicht ausgebildet.

P_3sin. Im Gegensatz zu P_2, der sehr schwach entwickelt ist, ist P_3 sehr groß und kräftig ausgebildet. Die Vorderschlinge war ehemals breit gegabelt, wie die isolierte Marke zeigt. Auch trägt die vordere Kulisse innen eine starke Ausbuchtung nach hinten, die der zweiten Kulisse fehlt. Gegenüber den beiden hinteren Schlingen, an der Außenseite des Zahnes, ist eine sehr flache vertikale Furche zu erkennen. Basalleisten sind nicht entwickelt.

P_4sin. Die vollständig erhaltene Zahnkrone zeigt zwischen den Prismen einen geringen Basalhöcker. Am Vorderprisma zieht außen eine schwache Basalleiste hoch.

M_1sin. Die nur wenig beschädigte Zahnkrone zeigt zwischen den Prismen die starke Basalsäule. Am Vorderprisma außen zieht eine zum Teil schon abgekaute schwache Basalleiste nach oben.
Vorder- und Hinterhalbmonde stehen sehr schräg zur Zahnlängsachse.

Beschreibung des Fossils Mosb. 149 (M.W., Abb. 5), linkes Unterkieferbruchstück mit P_2—M_1.

P_2sin. Die vordere Kulisse, die nur wenig angekaut ist, zeigt basal eine geringe Furchung, die erst bei tiefer Abkauung dieser Kulisse als schwache Gabelung zu erkennen wäre. Gegenüber den beiden hinteren Schlingen, auf der Außenseite des Zahnes, ist eine verhältnismäßig tiefe Vertikalfurchung zu erkennen. Basalleisten fehlen.

P_3sin. Die Vorderschlinge des vollständig angekauten Zahnes zeigt eine isolierte Marke, was eine ehemalige Vertikalfurchung der Vorderkulisse anzeigt. Der hintere Gabelzinken ist mit der wandartigen Ausstülpung der dritten Schlinge, die der Zahnachse parallel verläuft, verschmolzen, d. h. die Innenwand zwischen erster und zweiter Kulisse ist geschlossen. Gegenüber den beiden hinteren Schlingen an der Außenseite des Zahnes steht eine tiefe Vertikalfurche. Am Vorderprisma ist vorn eine schwache Basalleiste ausgebildet.

P_4sin. Die vollständig erhaltene Zahnkrone zeigt am Vorderprisma außen eine geringe Basalleiste.

M_1sin. Die nur wenig beschädigte Zahnkrone trägt zwischen den Prismen eine starke, für diesen Zahn charakteristische Basalsäule. Am Vorderprisma außen ist eine verhältnismäßig starke Basalleiste vorhanden.
Vorder- und Hinterhalbmonde stehen sehr schräg zur Zahnlängsachse.

Beschreibung des Fossils Mosb. 1957/208 (M.M.), rechtes Unterkieferbruchstück mit P_{2-3}.

P_{2-3}. Beide Prämolaren zeigen hinten außen, gegenüber den beiden hinteren nach innen zeigenden Kulissen eine starke Verbreiterung und Anschwellung der Zahnbasis, die an gewisse hypertrophe Bildungen dieser Art erinnern[34]).

Beschreibung des isoliert gefundenen M_3dex. (Mosb. 1957/113, M.M., Abb. 10).

Die Zahnkrone dieses dritten Molaren ist nur wenig beschädigt, die Wurzeln fehlen. Zwischen den Prismen steht eine relativ geringe Basalsäule. Am Vorderprisma zieht eine starke Basalleiste, die zum Teil schon abgekaut ist, nach oben. Der Zahn zeigt eine extreme Schrägstellung der Vorder- und Hinterhalbmonde.

[34]) Vgl. KAHLKE, H.-D., Süßenborn, Teil II, S. 8, T. 11, 1956.

Maße der Unterkieferreihen[35]) (in mm):

Mosb.	P_2—M_3	P_3—M_3	P_4—M_3	M_1—M_3	M_2—M_3	P_2—P_4
1954/670 (M. M.)	177,5	160,4	134,2	103,3	73,8	77,4
1956/861 (M. M.)	168,2	150,2	127,2	100,4	73,4	70,1
1957/12 (M. M.)	189,6	169,6*	144,7	101,3	79,8	79,0
1957/783 (M. M.)		156,1	128,7	100,6	73,2	
1957/782 (M. M.)			129,7	102,1	73,6	
1956/592 (M. M.)			127,1	99,3	70,8	
1956/43 (M. M.)			131,4	100,3	71,0	
1956/459 (M. M.)				103,6	80,7	
1956/749 (M. M.)					73,2	
1955/63 (M. M.)					72,3	
1955/1270 (M. M.)					76,1	
1956/338 (M. M.)						76,2
1957/365 (M. M.)				103,7	77,2	

An der Wurzel gemessen, da Krone fehlt.

Die Prämolaren des Unterkiefers

Minimal- und Maximalwerte (Durchschnittswerte) in mm, isoliert gefundene Zähne eingeschlossen

	P_2	P_3	P_4
Länge	18,0 (n = 5) 20,6 (19,50)	24,4 (n = 6) 27,0 (26,10)	27,4 (n = 12) 30,8 (28,73)
größte Breite	13,8 (n = 5) 16,0 (15,08)	17,5 (n = 6) 19,1 (18,01)	18,0 (n = 12) 20,9 (19,78)

Die Molaren des Unterkiefers

Minimal- und Maximalwerte (Durchschnittswerte) in mm, isoliert gefundene Zähne eingeschlossen

	M_1	M_2	M_3
Länge	24,7 (n = 12) 29,8 (26,93)	27,1 (n = 17) 32,8 (28,83)	40,5 (n = 11) 47,4 (44,03)
Breite des vorderen Prismas	20,1 (n = 13) 22,6 (21,30)	21,5 (n = 16) 25,8 (23,46)	22,0 (n = 15) 26,2 (23,64)
Breite des hinteren Prismas	19,8 (n = 13) 22,5 (21,63)	20,5 (n = 17) 26,0 (23,25)	21,0 (n = 15) 24,9 (22,58)

[35]) THIES, O., S. 602, 1926. In dieser Arbeit finden sich einige Längenmaße Mosbacher *latifrons*-Mandibeln (Museum zu Mainz), die an Fundstücken genommen wurden, die im letzten Kriege zerstört wurden. Leider stimmen die Längen, „die alveolar gemessen" wurden, nicht ganz mit den unsrigen (gemessen an der Grenze zwischen Wurzeln und Zahnkrone) überein. Die Werte sind im Durchschnitt etwas größer.

Höhe einiger Unterkieferäste (in mm), gemessen jeweils hinter dem hinteren Prisma

Mosb.	bei M_1	bei M_2	bei M_3
1954/670 (M. M.)	59,3	66,2	66,0
1956/861 (M. M.)	60,2	62,4	66,1
1957/12 (M. M.)	62,1	66,1	66,5
1956/592 (M. M.)	ca. 62,5	67,3	68,4
1957/365 (M. M.)	74,5	79,2	ca. 79,5

Breite einiger Unterkieferäste (in mm), gemessen jeweils hinter dem hinteren Prisma

Mosb.	bei M_1	bei M_2	bei M_3
1954/670 (M. M.)	34,1	34,9	31,5
1956/861 (M. M.)	35,0	35,5	32,0
1957/12 (M. M.)	35,0	36,0	32,4
1956/592 (M. M.)	34,5	34,5	30,2
1957/365 (M. M.)	36,0	37,0	35,0

Die Milchmolaren

Milchgebisse des *latifrons*-Elches wurden bisher von deutschen Fundstellen noch nicht veröffentlicht. Demgegenüber beschrieb BISMARCK[36]) Skelettreste sehr junger *latifrons*-Individuen aus pleistozänen Beckenablagerungen von Bilshausen (Eichsfeld). Aus dem Alt-Pleistozän von Mosbach wurden bisher vier D_4 bekannt, zwei davon wurden isoliert gefunden (Museum zu Mainz, Abb. 11—12), die anderen beiden gehören zu den juvenilen Mandibeln der Sammlungen Wiesbaden und Darmstadt[37]). D_2 und D_3 liegt bisher nicht vor.

Maße der isoliert gefundenen D_4 der Mainzer Sammlung (in mm)

Länge	größte Breite
33,4 (n = 2)	17,3 (n = 2)
33,6	17,3

2. Oberkiefer[38])

Zusammenhängende Oberkieferreihen wurden bisher aus dem Altpleistozän Deutschlands noch nicht beschrieben. Das uns vorliegende Fossil Mosb. 1955/278 der Mainzer Sammlung ist das bisher einzige dieser Art (Erhaltungszustand) aus den Mosbacher Sanden.

Beschreibung des Fossils Mosb. 1955/278 (M.M., Tafelabb. 7 und Abb. 16), rechtes Oberkieferbruchstück mit P^2—M^3.

P^{2-4}dex. Die Prämolaren sind vollständig erhalten. Abgesehen von der beträchtlichen Größe

[36]) BISMARCK, W., Diss. 1942.

[37]) Vgl. Beitrag HÜNERMANN, S. 27 dieser Arbeit.

[38]) Vgl. KAHLKE, H.-D., Süßenborn, Teil II, S. 9 (Oberkieferbruchstück aus dem Altpleistozän von Mosbach, Sammlung des Museums für Naturkunde zu Berlin, dazu Tafel 14 und Abb. 29, Vergleichsmaterial für Süßenborn).

zeigen sie wie die aus dem Altpleistozän von Süßenborn wenig Eigentümlichkeiten. Zusätzliche Basalleisten sind nur schwach ausgebildet.

M^1dex. Die vollständig erhaltene Zahnkrone zeigt die für den M^1 charakteristische geringe Basalsäule zwischen den Prismen. Basalleisten sind nicht ausgebildet.

M^2dex. In Übereinstimmung mit den Funden von Süßenborn zeigt der M^2 keine Basalsäule, Basalleisten fehlen ebenfalls.

M^3dex. Die Zahnkrone zeigt zwischen den Prismen einen geringen Basalhöcker, Basalleisten fehlen. Der labiale Halbmond des Hinterprismas zeigt eine kräftige aber teilweise beschädigte Kulisse.

Maße der Oberkieferreihe Mosb. 1955/278

P^2—M^3	P^3—M^3	P^4—M^3	M^1—M^3	M^2—M^3	P^2—P^4
161,8	138,5	114,1	91,1	63,1	76,2

Die Prämolaren des Oberkiefers
Minimal- und Maximalwerte (Durchschnittswerte) in mm, isoliert gefundene Zähne eingeschlossen

	P^2	P^3	P^4
Länge	23,5 (n = 2) 26,4	23,5 (n = 2) 26,0	23,0 (n = 4) 24,8 (24,12)
größte Breite	24,5 (n = 2) 26,1	30,1 (n = 2) 30,6	28,6 (n = 5) 31,1 (29,82)

Die Molaren des Oberkiefers
Minimal- und Maximalwerte (Durchschnittswerte) in mm, isoliert gefundene Zähne eingeschlossen

	M^1	M^2	M^3
Länge	27,5 (n = 2) 29,4	28,4 (n = 3) 28,9 (28,63)	33,0 (n = 4) 36,3 (34,42)
Breite des vorderen Prismas	29,7 (n = 3) 32,3 (31,23)	31,7 (n = 2) 33,9	31,8 (n = 5) 35,3 (32,80)
Breite des hinteren Prismas	29,0 (n = 2) 31,8	30,5 (n = 2) 30,8	28,2 (n = 4) 31,4 (29,52)

Der *latifrons*-Elch von Mosbach

In der Fauna von Mosbach war der *latifrons*-Elch etwas häufiger als in der von Süßenborn und Voigtstedt. Ausgehend von der Tatsache, daß Elche mit solchen Geweihauslagen nicht in geschlossenen Waldungen leben können, müssen wir für die damalige Landschaft des Rhein-Main-Gebietes mehr oder weniger offene Bruch- und periodische Überschwemmungsgebiete der großen Flüsse annehmen. Das sehr häufige Vorkommen von Wildschweinen und *acoronatus*-Hirschen spricht weiter dafür, daß in nächster Nähe der Stromgebiete ausgedehnte Waldungen vorhanden waren[39]).

Das bisher zu überblickende Material an Geweihresten der altpleistozänen Elche (Forest Bed-Serie, Mosbach, Goldshöfer Sande, Voigtstedt, Süßenborn usw.) zeigt, daß „Stangenelche" in den altpleistozänen Populationen fehlten. Es ist recht unwahrscheinlich, daß gerade Reste von Stangengeweihen bisher nicht gefunden worden sein sollten, zumal gerade die großen, relativ dünnplattigen Schaufeln vielfach vorliegen, Stangengeweihe aber zumindest gleiche, wenn nicht größere Aussicht haben, erhalten zu bleiben. Wir können also aufzeigen, daß nach dem heutigen Wissensstand zu urteilen der „Stangler" im Altpleistozän fehlte. Der Stangler ist aber auch keine Erscheinung unserer Zeit oder unseres überbevölkerten Europas. Auch Kanada und Sibirien kennen Stangenelche und durch Moorfunde ist das Stangengeweih auch aus prähistorischer Zeit Europas bekannt.

Nach dem bisher vorliegenden Material von Mosbach zu urteilen, von dem ungefähre Horizont-Angaben zu erlangen waren, zeichnet sich in der Geweihentwicklung ein Vorgang ab, der von uns bereits aufgezeigt wurde. Da aber die Schaufelgeweihe alter Hirsche allgemein zur Verkürzung der Stangen neigen, wobei sich also Variations- und Evolutionsformen überschneiden können, müssen weitere, exakt horizontierte Funde abgewartet werden, um ein sicheres Bild zu erlangen.

---

[39]) Vgl. auch SOERGEL, W., 1914, S. 244; BENINDE, J., 1938, S. 152; SOERGEL, W., 1940, S. 50.

Die Funde von *Alces latifrons* (JOHNS.) der Sammlungen zu Darmstadt und Wiesbaden

(Zusammenstellung und Beschreibung von K. A. HÜNERMANN, Darmstadt)[40])

Die an dieser Stelle beschriebenen Geweih- und Gebißfunde von Mosbach befinden sich in der Paläontologischen Abteilung des Hessischen Landesmuseums Darmstadt und in den Naturkundlichen Sammlungen des Nassauischen Museums Wiesbaden[41]). Die Darmstädter Sammlung enthält 23 Geweihfossilien, 14 Zahnreihen und 16 Einzelzähne, die Wiesbadener Sammlung 10 Geweihfossilien und 17 Zahnreihen. Von diesem Material wurden einige gut erhaltene Stücke ausgewählt, und ihre Maße in Tabellen angeführt. Die Bezeichnungen der Maße stimmen mit KAHLKE (1956) überein. Auch die Ansatzstellen für die Messungen entsprechen denen von KAHLKE.

A. Geweihe

Beschreibung des Fossils Mosb. 474 (M.D.)

Linke Abwurfschaufel: „Stiel" relativ lang und kräftig. An der schwach gewölbten Schaufel sind die beiden ersten Sprosse vollständig erhalten. Der dritte Sproß ist von der Basis bis über die Mitte seiner Länge fragmentär. Sprosse leicht nach oben aufgebogen. Die Endbruchstelle des Schaufelhinterrandes liegt noch vor der Basis des Hintersprosses. Gefäßrillen und Perlung der Rose gut erkennbar. Erhaltungszustand des Fossils gut.

Beschreibung des Fossils Mosb. 253 (M.W., Tafelabb. 3)

Rechte Abwurfschaufel: „Stiel" lang und kräftig; die Krümmung ist schwach. Die beiden ersten Sprosse sind vollständig erhalten. Sie sind gegenüber der Schaufel weniger aufgewölbt. Die Endbruchstelle des Hinterrandes der breiten Schaufel liegt etwa an der Basis des Hintersprosses. Gefäßrillen und Perlung der Rose sind gut erkennbar. Auch der Erhaltungszustand des Fossils ist gut.

---

[40]) Vgl. S. 5 dieser Arbeit (Vorwort).

[41]) Für die Überlassung von Fossilmaterial bin ich Herrn Prof. Dr. H. TOBIEN und Herrn Dr. F. HEINECK sehr zu Dank verpflichtet.

I. Maße der schädelechten Schaufeln (in cm)

	Mosb.	Mosb.
Nummer des Fossils	277 (M. D.)	991 (M. D.)
Gesamtlänge des Fossils (Schädelrest einbegriffen)	63,5	104,0
Umfang des Rosenstocks (unterhalb der Rose)	18,3	24,0
Rosenumfang	24,0	30,0
Durchmesser der Rose (horizontal)	7,3	9,1
Durchmesser der Rose (vertikal)	7,1	10,3
Stangenumfang oberhalb der Rose	18,0	23,0
Stangendurchmesser oberhalb der Rose (horizontal)	5,7	7,6
Stangendurchmesser oberhalb der Rose (vertikal)	5,1	7,4
Stangenumfang unterhalb der Schaufel	17,0	25,8
Stangendurchmesser unterhalb der Schaufel (horizontal)	5,9	9,6
Stangendurchmesser unterhalb der Schaufel (vertikal)	4,3	5,1
Länge Rose bis Schaufel (= „Stiel“)	30,5	33,0
Größte Breite der erhaltenen Schaufel	36,5	85,5
Stärke der Schaufel (in der Mitte)	0,9	0,9
Stärke der Schaufel (Vorderrand)	2,7	4,1
Stärke der Schaufel (Hinterrand)	3,3	3,6
Länge des ersten Schaufelsprosses		
Durchmesser des ersten Schaufelsprosses (basal, horizontal)	4,2	6,2
Durchmesser des ersten Schaufelsprosses (basal, vertikal)	2,5	5,0
Umfang des ersten Schaufelsprosses (basal)	11,0	16,5
Länge des zweiten Schaufelsprosses		22,4
Durchmesser des zweiten Schaufelsprosses (basal, horizontal)		7,7
Durchmesser des zweiten Schaufelsprosses (basal, vertikal)		2,9
Umfang des zweiten Schaufelsprosses (basal)		16,0
Länge des dritten Schaufelsprosses (Spitze abgebrochen)		
Durchmesser des dritten Schaufelsprosses (basal, horizontal)		5,1
Durchmesser des dritten Schaufelsprosses (basal, vertikal)		3,3
Umfang des dritten Schaufelsprosses (basal)		12,5
Länge des vierten Schaufelsprosses (Spitze abgebrochen)		
Durchmesser des vierten Schaufelsprosses (basal, horizontal)		3,5
Durchmesser des vierten Schaufelsprosses (basal, vertikal)		1,9
Umfang des vierten Schaufelsprosses (basal)		9,0

II. Maße der Abwurfschaufeln (in cm)

	Mosb.	Mosb.	Mosb.
Nummer des Fossils	253 (M. W.)	282 (M. D.)	474 (M. D.)
Rosenumfang	35,5	24,0	32,0
Durchmesser der Rose (horizontal)	11,4	7,7	10,6
Durchmesser der Rose (vertikal)	11,1	7,3	10,1
Stangenumfang oberhalb der Rose	27,0	19,0	25,0
Stangendurchmesser oberhalb der Rose (horizontal)	8,2	5,5	8,3
Stangendurchmesser oberhalb der Rose (vertikal)	8,0	6,0	7,4
Stangenumfang unterhalb der Schaufel	26,0	18,0	22,0
Stangendurchmesser unterhalb der Schaufel (horizontal)	10,0	6,6	8,1
Stangendurchmesser unterhalb der Schaufel (vertikal)	6,0	4,6	6,0
Länge Rose bis Schaufel (= „Stiel“)	46,5	32,0	39,0
Schaufellänge des Fossils (Rose bis Endbruchstelle)	88,0	55,0	86,0
Größte Breite der erhaltenen Schaufel	138,8	65,0	103,3
Stärke der Schaufel (in der Mitte)	1,7	1,6	1,3
Stärke der Schaufel (Vorderrand)	4,7	3,7	3,8
Stärke der Schaufel (Hinterrand)	3,6	3,5	3,1
Länge des ersten Schaufelsprosses	47,7	ca. 36,0	32,0
Durchmesser des ersten Schaufelsprosses (basal, horizontal)	6,3	6,1	5,7
Durchmesser des ersten Schaufelsprosses (basal, vertikal)	4,6	3,7	3,7
Umfang des ersten Schaufelsprosses (basal)	19,5	16,0	16,0
Länge des zweiten Schaufelsprosses	30,7		22,0
Durchmesser des zweiten Schaufelsprosses (basal, horizontal)	6,7		6,8
Durchmesser des zweiten Schaufelsprosses (basal, vertikal)	3,8		3,6
Umfang des zweiten Schaufelsprosses (basal)	18,8		17,0
Länge des dritten Schaufelsprosses			20,0
Durchmesser des dritten Schaufelsprosses (basal, horizontal)			
Durchmesser des dritten Schaufelsprosses (basal, vertikal)			2,8
Umfang des dritten Schaufelsprosses (basal)			

B. Die Gebisse

1. Unterkiefer

Beschreibung des Fossils Mosb. 17. 8./03 (M.W., Abb. 15).

Fragment des linken Unterkiefers eines alten Tieres. Die Bruchstelle des Kiefers liegt zwischen M_2 und M_3. Das Vorderprisma des M_3 ist fragmentär. Der Zahn zeigt starke Abkauung. Da die Bruchstelle verhältnismäßig glatt ist, eignet sie sich gut zur Darstellung eines Querschnittes.

Maße der Unterkieferreihen (in mm)

Mosb.	P_2—M_3	P_3—M_3	P_4—M_3	M_1—M_3	M_2—M_3	P_2—P_4
149 (M. W.)						79,3
151 (M. W.)						78,8
152 (M. W.)				+ 108,0	+ 76,8	
153 (M. W.)				102,4	73,8	
154 (M. W.)	+ 175,2[42])	+ 154,3	+ 130,0	+ 101,3	+ 76,5	+ 74,8
155 (M. W.)	+ 170,0	+ 153,4	+ 128,0	101,2	74,5	+ 70,6
156 (M. W.)			138,0	106,0	88,4	
160 (M. W.)						82,5
164 (M. W.)						74,4
288 (M. D.)	183,8	+ 163,8	138,3	105,8	76,0	79,8
289 (M. D.)	184,5		134,5	106,4	77,0	84,4
290 (M. D.)		157,6	132,0	101,4	73,7	
291 (M. D.)			138,6	107,8	77,3	
293 (M. D.)					78,6	
294 (M. D.)	165,0	148,4	+ 127,8	+ 98,0		+ 71,5
295 (M. D.)			131,3	101,0	72,0	
299 (M. D.)					79,3	81,2
301 (M. D.)	195,0	174,6	147,5	114,3	81,3	85,0

Höhe einiger Unterkieferäste (in mm), gemessen jeweils hinter dem hinteren Prisma

Mosb.	bei M_1	bei M_2	bei M_3
150 (M. W.)	63,6	63,8	
151 (M. W.)	70,3		
152 (M. W.)	70,3	73,2	72,8
154 (M. W.)	71,0		
155 (M. W.)	68,4	72,3	75,0
156 (M. W.)	68,8	73,4	76,2
164 (M. W.)	67,8	68,6	
288 (M. D.)	66,1	68,6	71,5
289 (M. D.)	61,7	68,0	70,7
290 (M. D.)	67,6	66,6	71,3
291 (M. D.)	68,6		77,0
293 (M. D.)	68,0	65,8	68,0
294 (M. D.)	69,7		
301 (M. D.)	73,5	77,2	81,5

Breite einiger Unterkieferäste (in mm), gemessen jeweils hinter dem hinteren Prisma

Mosb.	bei M_1	bei M_2	bei M_3
155 (M. W.)	32,0	31,2	30,2
156 (M. W.)	34,8	33,7	30,5
288 (M. D.)	34,5	33,7	32,0
289 (M. D.)	33,6	33,3	30,2
290 (M. D.)	31,8	31,6	28,4
291 (M. D.)	37,0	36,0	33,8
301 (M. D.)	38,0	40,0	38,6

[42]) Ein + vor der Maßangabe bedeutet Wurzelmessung.

Die Prämolaren des Unterkiefers

Minimal- und Maximalwerte (Durchschnittswerte) in mm

	P_2	P_3	P_4
Länge	17,5 (n = 2) 17,6	23,8 (n = 5) 27,0 (25,4)	30,0 (n = 1)
Größte Breite	11,7 (n = 2) 13,8	16,7 (n = 5) 18,7 (17,6)	19,6 (n = 1)

Die Molaren des Unterkiefers

Minimal- und Maximalwerte (Durchschnittswerte) in mm

	M_1	M_2	M_3
Länge	28,6 (n = 1)	31,8 (n = 1)	41,4 (n = 3) 44,4 (42,6)
Breite des Vorderprismas	19,7 (n = 1)	23,9 (n = 1)	21,6 (n = 3) 24,5 (23,1)
Breite des Hinterprismas	21,7 (n = 1)	23,4 (n = 1)	21,3 (n = 3) 23,8 (22,6)

Die Milchgebisse

Beschreibung des Fossils Mosb. 158 (M.W., Tafelabb. 6 und Abb. 13).

Rechter Unterkiefer mit D_4, M_1 und M_2 in Funktion. An der vorderen Bruchstelle ist der noch vollständig im Kiefer steckende Keim des P_3 zu erkennen. Die hintere Bruchstelle liegt an der Rückwand des M_2. Sie eignet sich zur Darstellung des Kieferquerschnittes. Der D_4 ist stark abgekaut und ragt mit seinen Wurzeln weit aus dem Kieferknochen heraus. Hinter dem Hinterprisma steht der Stumpf einer schwachen Basalsäule. Am Vorderrand des Vorderprismas, auf die Innenseite übergehend, sowie an der Innenseite des Hinterprismas, sind sehr schwache Basalleisten erkennbar. Unter diesem Zahn sieht man im Kiefer die Kronenspitzen des P_4-Keimes.

M_1dex. Zwischen Vorder- und Hinterprisma kurze, flache Basalsäule. Am Vorderrand des Vorderprismas Basalleiste.

M_2dex. Abkauungsgrad sehr gering. Am Vorderrand des Vorderprismas Basalleiste. Basalsäule zwischen Vorder- und Hinterprisma sehr klein und konisch.

Maße (in mm)

Länge D_4—M_2	96,0
D_4 Länge	ca. 33,0
D_4 größte Breite	18,7
Höhe des Unterkiefers bei M_1	55,7
Höhe des Unterkiefers bei M_2	ca. 59,0
Breite des Unterkiefers bei M_1	34,0
Breite des Unterkiefers bei M_2	34,0

(Höhen und Breiten jeweils hinter dem hinteren Prisma gemessen.)

Beschreibung des Fossils Mosb. 300 (M.D., Abb. 14).

Rechter Unterkiefer mit D_4 und M_1 in Funktion. Von D_2 und D_3 sind die Wurzeln in den Alveolen noch erhalten. Der teilweise beschädigte D_4 ist fast zur Hälfte abgekaut. Durch die Beschädigung der Mandibel ist es möglich, die Keime der definitiven Prämolaren zu erkennen.

Maße (in mm)

Länge D_4—M_1	62,3
D_4 Länge	32,8
D_4 größte Breite	18,0
Höhe des Unterkiefers bei M_1	50,0
Höhe des Unterkiefers bei M_2	54,7
Breite des Unterkiefers bei M_1	30,6

(Höhen und Breiten jeweils hinter dem hinteren Prisma gemessen.)

Beschreibung und Vergleich der Unterkieferquerschnitte (Abb. 15).

Da die beiden Querschnitte auf gleicher Höhe liegen, ist die Möglichkeit zu einem Vergleich gegeben. Vom Oberrand verläuft die Innenwand des adulten Unterkiefers zuerst konvex bis etwa zur Mitte, im unteren Abschnitt konkav. Die Außenwand verläuft zuerst konkav, und dann, im mittleren Abschnitt parallel zur Innenwand, konvex.

Hiervon unterscheidet sich der Verlauf der Wände des jugendlichen Unterkiefers. Die Innenwand zeigt im obersten Teil eine kurze, starke Konvexität, die bald in einen schwach konkaven Verlauf übergeht. Die Außenwand ist in ihrer ganzen Höhe konvex, wobei die Stärke der Krümmung von oben nach unten allmählich abnimmt. Ein Vergleich der Umrisse zeigt, daß der Wandverlauf des jungen Unterkiefers etwa dem des alten Unterkiefers in seiner unteren Hälfte entspricht. Ein Vergleich der größten Breiten läßt erkennen, daß der jugendliche Unterkiefer bis zu diesem Stadium sein Breitenwachstum nahezu vollendet hat, während das Höhenwachstum noch nicht so weit fortgeschritten ist.

Zwischen Unterrand der Alveolarhöhle und dem Oberrand des Kieferkanals liegt bei dem jugendlichen Unterkiefer nur eine sehr dünne Knochenplatte. Der Kieferkanal ist relativ größer als bei dem adulten Tier.

2. Oberkiefer

Maße der Oberkieferreihen (in mm)

Mosb.	P^2—M^3	P^3—M^3	P^4—M^3	M^1—M^3	M^2—M^3	P^2—P^4
160 (M. W.)						82,5
302 (M. D.)	155,0	131,7	109,6	90,2	64,8	70,3

Die Prämolaren des Oberkiefers

Minimal- und Maximalwerte (Durchschnittswerte) in mm

	P^4
Länge	23,2 (n = 3) 24,7 (24,10)
Größte Breite	28,5 (n = 3) 32,8 (30,80)

Die Molaren des Oberkiefers

Minimal- und Maximalwerte (Durchschnittswerte) in mm:

	M1	**M3**
Länge	26,6 (n = 1)	33,4 (n = 1)
Breite des Vorderprismas	29,2 (n = 1)	34,4 (n = 1)
Breite des Hinterprismas	29,0 (n = 1)	31,6 (n = 1)

FAMILIE: *Cervidae* GRAY 1821

GENUS: *Alces* GRAY 1821

Alces sp.

Wie aus dem Altpleistozän von Voigtstedt bei Sangerhausen liegen auch aus den Sanden von Mosbach wenige Funde (zwei isolierte Unterkiefermolaren) eines „kleinen Elches" vor, die sich in der Größe von entsprechenden Zähnen des *latifrons*-Elches mitteleuropäischer Fundstellen unterscheiden. Durch die Arbeit von AZZAROLI (1953) wurden solche Funde (Unterkiefer), die in der Größe zwischen *Libralces gallicus* AZZ. und *Alces latifrons* (JOHNS.) stehen, und keine „deutlichen Spuren" der *Palaeomeryx*-Falte zeigen, auch aus der ostenglischen Forest-Bed-Serie bekannt. Diese altpleistozänen „kleinen Elch-Mandibeln" bzw. die Einzelzähne erreichen im Durchschnitt nicht die Größen rezenter Elch-Mandibeln bzw. der Zähne.

Aus diesem Grunde und da bisher keine Geweihfunde von den gleichen Fundstellen vorliegen, die mit solchen des Elches rezenter Prägung übereinstimmen, müssen Annahmen, wie sie von SCHMIDTGEN (1938)[43]) wieder vertreten wurden, daß in Mosbach neben *Alces latifrons* (JOHNS.) auch *Alces alces* (L.) vorhanden war, als unbegründet bezeichnet werden.

Maße der Unterkiefermolaren (in mm):
(Abb. 24—25)

	M_1	M_2
Länge	ca. 28,0	28,8
Breite des Vorderprismas	20,2	21,6
Breite des Hinterprismas .	—	21,0

[43]) Vgl. auch S. 11 dieser Veröffentlichung. Horizontangaben liegen für diese Funde nicht vor; sie wurden deshalb nicht in die aufgeschlüsselten Faunenlisten aufgenommen (vgl. S. 8—9).

FAMILIE: *Cervidae* GRAY 1821

GENUS: *Orthogonoceros* KAHLKE 1952

Orthogonoceros verticornis (DAWKINS) 1872

Den ersten Hinweis, in einigen aus den Mosbacher Sanden stammenden Geweihresten Stangen zu sehen, die mit solchen der aus der Forest-Bed-Serie beschriebenen Cerviden-Arten in Beziehung stehen mögen, finden wir bereits 1898 bei H. SCHRÖDER[44]). Zwar wird nicht im einzelnen aufgeführt, welche Arten in Frage kommen, immerhin fallen die Rothirsche im weiteren Sinne weg, da SCHRÖDER die Geweihreste dieser klar bestimmt und von den fraglichen Geweihfragmenten trennen kann. In seiner Faunenliste führt er jedoch keinen Cerviden dieses Formenkreises (*Orthogonoceros*). Der Hinweis ist auch nicht weiter aufgegriffen worden, da die folgenden Faunenlisten von Mosbach ebenfalls keinen Cerviden dieses Formenkreises nennen. Einigermaßen erstaunlich ist es, daß ein so ausgezeichneter Säugetierpaläontologe wie SOERGEL, der bereits 1914[45]) die Süßenborner *verticornis*-Geweihe klar mit denen aus der Forest-Bed-Serie verglich, diese nicht in Mosbach erkannte[46]). Erst 1925[47]), nachdem das später vom gleichen Autor beschriebene Schädelstück wohl zur näheren Untersuchung vorlag[48]), wird erstmalig ein Hirsch der Gattung *Orthogonoceros* von Mosbach genannt. Zwei Jahre später wurde dieses Fossil in einer umfassenden Arbeit vorgelegt[49]). Im gleichen Jahr folgte die Beschreibung eines zweiten Geweihfragmentes[50]). Bei Gelegenheit der Veröffentlichung des Mosbacher Schädelfundes stellte SOERGEL die Art *Cervus* (*Megaceros*) *mosbachensis* auf, die nach Beschreibung der Süßenborner Geweihreste vom Verfasser gestrichen werden mußte[51]).

Wie bereits aufgezeigt, treten die Steppenhirsche in den Sanden von Mosbach zahlenmäßig sehr zurück. Dazu zeigen einige der Stangenreste mehr oder weniger starke Abrollungsspuren, wie sie die Masse der Rothirschstangen vom gleichen Fundort nicht zeigt, so daß vermutet werden kann, daß ein Teil dieser *Orthogonoceros*-Fossilien vor der Ablagerung größere Strecken transportiert worden ist[52]).

---

[44]) SCHRÖDER, H., 1898, S. 219.

[45]) SOERGEL, W., 1914, S. 221.

[46]) Die *verticornis*-Geweihreste der Sammlung zu Wiesbaden, die von den ersten Autoren als Ren-Geweihreste bestimmt wurden, sind zum Teil vor 1900 gefunden worden und zeigen teilweise noch heute u. a. die alten Bestimmungen auf den Etiketten.

[47]) SOERGEL, W., 1925, S. 431.

[48]) Das Fossil wurde bereits 1914 gefunden, vgl. SOERGEL, W., 1927, S. 365.

[49]) SOERGEL, W., 1927.

[50]) SOERGEL, W., 1927a.

[51]) KAHLKE, H.-D., Teil I, S. 30.

[52]) SOERGEL, W., 1927a, S. 131.

Die Funde aus den altpleistozänen Sanden von Mosbach bei Wiesbaden

Beschreibung des Materials (Tafelabb. 8—9 und Abb. 26—28).

A. Die Geweihe

1. Die schädelechten Geweihe

Beschreibung eines Mosbacher Schädelbruchstückes mit Stangen (Soergel, 1927), Tafelabb. 9.

Dieses 1914 in einer Kiesgrube am Heßler bei Biebrich in gröberen Kiesen direkt über dem Hydrobienkalk gefundene Fossil wurde 1927 von W. Soergel[53]) eingehend beschrieben. Es handelt sich um einen Hirnschädel üblicher Erhaltung (Frontalien erhalten bis etwa zum Oberrand der Orbita mit den Rosenstöcken, Teile des Geweihes und Hinterhaupt.)[54])

Beiderseitig sind bei diesem Fundstück die Stangen in Höhe der Mittelsproßbasis (links), bzw. wenig oberhalb dieser (rechts) abgebrochen. Linksseitig fehlt der Eissproß (Individualvariante), rechtsseitig ist er in normaler Höhe geschoben und zeigt die diesem Sproß eigentümliche Stellung und Biegung. An der rechten wie linken Stange steht unmittelbar über der Rose der zwar unter Reduktion stehende, dennoch kräftig entwickelte Augsproß.

Das ganze Geweih ist durch eine tiefeinsetzende Geweihverplattung gekennzeichnet.

Obwohl die den Augsproß führende Geweihvariante des *Orthogonoceros verticornis* (Dawkins) damals schon aus der ostenglischen Forest-Bed-Serie erwähnt worden war[55]), glaubte Soergel dem Mosbacher Fossil eine Sonderstellung innerhalb der *verticornis*-Gruppe einräumen zu müssen, was in der Aufstellung der Art *„Cervus megaceros mosbachensis“* seinen Ausdruck fand. Wir konnten wie Dawkins diese Geweihform als Variante erkennen und aus dem Altpleistozän von Süßenborn bei Weimar nachweisen[56]). Danach entfällt die Berechtigung zur Aufstellung der Art, sie wurde gestrichen. Auch Kirchner[57]) behandelte dieses Geweih bei seinen Untersuchungen über die Ausbildung der Gefäßrillen bei Riesenhirschgeweihen.

Beschreibung des Fossils Mosb. 1949/383 (M.M., Tafelabb. 8), Schädelbruchstück mit Stangen.

Von diesem Schädelbruchstück sind ebenfalls nur die Frontalia bis etwa in Höhe der Orbita erhalten, dazu Teile des Hirnschädels und Reste der Stangen. Die Schädelnähte sind nur teilweise zu erkennen. Ein Parietalforamen ist auf der Schädeloberseite nicht ausgebildet. Auf der Schädelinnenseite steht aber im Bereich der Parietalia median eine tiefe Knochendepression, die nach den Seiten hin scharfkantig begrenzt ist, nach unten und oben hin aber langsam und weniger betont ausläuft. In dem oberen, hinteren Drittel der inneren Knochendepression sind einige tiefe Kanäle ausgebildet, die aber das Schädeldach nicht durchstoßen. Die Stangen sind nur teilweise erhalten.

Rechte Stange:

Über der teilweise abgerollten, grobgeperlten Rose steht sehr tief an der Vorderseite der Stange der Augsproß, von dem nur die Basis erhalten ist. Die Stellung dieses Sprosses sowie

[53]) Typus-Exemplar der Spezies *Cervus (Megaceros) mosbachensis* Soergel.

[54]) Bei meinem Besuch 1957 in Maiz war dieser Schädel nicht mehr vorhanden, er muß als im letzten Kriege zerstört gelten.

[55]) Dawkins, 1887, Plate II; V.

[56]) Kahlke, H.-D., 1956, Süßenborn, Teil I, S. 14.

[57]) Kirchner, H., 1936, S. 251/52.

seine geringe Ausbildung sprechen für diese Ansicht. Wenige Zentimeter oberhalb (distal) dieses unter Reduktion stehenden Sprosses ist an der Stelle, an der etwa der Eissproß zu erwarten wäre, eine geringe Geweihaufwölbung zu erkennen. Die Oberflächenerhaltung ist schlecht, die Gefäßrillen sind kaum zu erkennen. Noch unterhalb (proximal) der Mittelsproßbasis ist die Stange abgebrochen. An dieser Stelle ist der Querschnitt fast rund.

Linke Stange:

Die linke Stange ist noch tiefer abgebrochen als die rechte. Die Rose ist ebenfalls grob geperlt — aber stark abgerollt. Auch hier ist kein Eissproß geschoben, was wir als individuelle Eigentümlichkeit dieses Geweihträgers deuten. Der zwar unter Reduktion stehende Augsproß ist — im Verhältnis zu anderen Stangen mit Augsproßrudiment — recht kräftig ausgebildet, dazu besser erhalten als der rechte. Der Abbruch läßt vermuten, daß der Augsproß noch einige Zentimeter länger war.

Maße des Geweihes Mosb. 1949/383 (in cm)

Breite des Schädels über der Einschnürung zwischen den Orbiten und den Rosenstöcken	19,0
Außenabstand der Rosenstockoberkanten direkt unter den Rosen	23,2
Innenabstand der Rosenstockoberkanten direkt unter den Rosen	13,9

	rechts	links
Rosenumfang	21,7**	20,3**
Größter Durchmesser der Rose	ca. 7,2**	ca. 6,4**
Umfang der Stange oberhalb der Rose	18,8	18,0
Abstand des Augsprosses unten von der Rose	ca. 1,7	ca. 2,1
Umfang des Augsprosses, basal		7,0
Durchmesser des Augsprosses (basal, horizontal)		2,4
Durchmesser des Augsprosses (basal, vertikal)		2,0
Stangenumfang oberhalb (distal) des Augsprosses	14,1	

** Abgerollt.

Beschreibung des Fossils dv.-Mosb. 627 (M.B., Tafelabb. 9), linkes schädelechtes Stangenbruchstück.

Über dem nur teilweise erhalten gebliebenen Rosenstock steht die geperlte, jedoch stark abgerollte bzw. beschädigte Rose. Der Stangenquerschnitt ist bereits wenige Zentimeter oberhalb der Rose flach-oval. Ein Augsproß bzw. Augsproßrudiment ist nicht vorhanden. Dafür ist die Eissproßbasis tief angelegt. Der Sproß ist abgebrochen, die Basis ist aber noch erhalten. Diese ist im Querschnitt ebenfalls flach-oval. Unterhalb des Eissproßansatzes ist die für diese Geweihe typische Einwölbung der Stange stark ausgeprägt. Bereits in Höhe des Eissprosses setzt eine starke Verplattung der ovalen Stange ein, so daß der Stangenquerschnitt zwischen Eissproß und Mittelsproßbasis fast doppelt so breit wird wie stark. Durch diese im Verhältnis zu anderen Stangen dieses Formenkreises extrem tief einsetzende Geweihverplattung erscheint die Eissproßbasis aus ihrer Stellung auf der Stangeninnenseite auf die Vorderseite versetzt. Obwohl der Oberflächenerhaltungszustand sehr schlecht ist und die Gefäßrillen daher kaum oder nur schwach erhalten sind, ist noch zu erkennen, daß der Eissproß in Übereinstimmung mit den anderen Geweihen der Gattung vom Innenquadranten aus aufgebaut wurde. Etwa 4,5 cm distal der Eissproßbasis steht auf der Vorderseite der Stange der Mittelsproß, der ebenfalls sehr tief abgebrochen ist.

Maße des Fossils dv.-Mosb. 627 (in cm)

Umfang des Rosenstocks unter der Rose	15,2
Durchmesser des Rosenstocks, horizontal	4,7
Durchmesser des Rosenstocks, vertikal	4,8
Rosenumfang	21,3**
Größter Durchmesser der Rose	7,3
Umfang der Stange oberhalb der Rose	19,0
Abstand des Eissprosses (unten von der Rose)	ca. 3,5
Umfang des Eissprosses, basal	—
Durchmesser des Eissprosses (basal, horizontal)	—
Durchmesser des Eissprosses (basal, vertikal)	ca. 2,8
Stangenumfang oberhalb (distal) des Eissprosses	20,5
Durchmesser der Stange oberhalb (distal) des Eissprosses, horizontal	7,7
Durchmesser der Stange oberhalb (distal) des Eissprosses, vertikal	4,5
Rose (proximal) bis Mittelsproß (in gleicher Ebene gemessen)	12,2
Umfang des Mittelsprosses, basal	14,3
Durchmesser des Mittelsprosses (basal, horizontal)	4,2
Durchmesser des Mittelsprosses (basal, vertikal)	4,5

** Abgerollt.

2. Die Abwurfstangen

Beschreibung eines Abwurfstangenfragmentes (SOERGEL, 1927a).

Wie das Mosbacher Schädelbruchstück (SOERGEL, 1927) wurde auch dieses Abwurfstangenfragment in den untersten Schichten der Mosbacher Sande gefunden. Bei meinem Besuch 1957 in Mainz war auch dieses Fossil nicht mehr vorhanden, wahrscheinlich wurde es bei der Zerstörung des Museums im letzten Kriege ebenfalls vernichtet.

Das Geweihfragment war aus mehreren Stücken zusammengesetzt. „Die 83 mm lange und 72 mm breite Abwurffläche liegt sehr schief zur Längsachse der Stange, sie ist schwach konkav. Beide Merkmale deuten auf einen alten Hirsch. Die Rose ist abgerieben und ihrer Art nach nicht mehr zu beurteilen. Der Stangenumfang an der abgeriebenen Rose ist sehr bedeutend, er beträgt 270 mm. 12 mm über der Kante der Abwurffläche wölbt sich die Stangenoberfläche zu einem rundlichen Knopf von etwa 18 mm Durchmesser auf. Es ist der Augsproßknopf. Etwa 17 mm höher an der Stange, und zwar auf der Stangenoberseite, zeigt sich eine zweite, stärker verletzte Aufbuckelung, die besonders gegen die Rose hin und gegen die obere Stangenfortsetzung deutlich abfällt, resp. aufgewölbt ist. Es kann sich der Lage dieses Buckels nach nur um einen Eissproßbuckel handeln, denn genau an dieser Stelle führen die *Verticornis*-Riesenhirsche ihre erste große Sprosse, die Eissprosse. Zwischen Aug- und Eissproßknopf mißt der Stangenumfang noch 250 mm.

Über dieser sehr massigen basalen Geweihpartie setzt die Stange auf der Oberseite abgeplattet, auf der Vorderseite in flacher Ausfurchung fort, so daß vorn eine kantige Rundung entsteht, die vom oberen Ende des Eissproßbuckels ausgeht und gegen den noch erhaltenen Ansatz der Mittelsprosse zieht. Diese Mittelsproßabgabelung liegt 183 mm über der Kante der Abwurffläche, resp. über der Rose“[58]).

[58]) SOERGEL, W., 1927a, S. 131.

Beschreibung des Fossils Mosb. 1950/657 (M.M., Abb. 26), rechte Abwurfstange (Bruchstück) mit Augsproßrudiment.

Der genaue Fundhorizont[59]) ist nicht bekannt. Das ebenfalls stark gerollte Abwurfbruchstück ist durch natürliche Einflüsse — während der Einbettung im Sediment — in Höhe der Mittelsproßbasis abgebrochen. Über der stark abgerollten Rose steht auf der Vorderseite der Stange das Augsproßrudiment in Form eines starken Knopfes. Im Gegensatz zur Masse der bisher bekannt gewordenen Bildungen dieser Art an anderen Geweihen (Forest-Bed-Serie, Süßenborn, Voigtstedt usw.) steht das Augsproßrudiment an dieser Stange sehr tief (proximal). In typischer Lage, auf der Ober-(Innen-)Seite der Stange, findet sich der Eissproß, der ebenfalls weit unten abgebrochen ist. Zwischen Augsproßrudiment und Eissproß — in der Ebene des Eissprosses (= auf der Innenseite der Stange) — steht ein weiterer kleiner Buckel, der eine ähnliche Form wie der „Augsproßknopf" zeigt. Zusätzliche Sprosse im Basalbereich der Stange dieses Formenkreises sind von verschiedenen Fundorten bekannt geworden (vgl. SOERGEL, 1927a).

Maße des Fossils Mosb. 1950/657 (M. M.) in cm

Gesamtlänge des Fossils (Rose bis Endbruchstelle)	19,0
Rosenumfang	22,8**
Größter Durchmesser der Rose	ca. 7,6**
Umfang der Stange oberhalb der Rose	21,2
Abstand des Augsproßknopfes von der Rose	ca. 1,2
Durchmesser des Augsproßknopfes (horizontal)	ca. 1,6
Durchmesser des Augsproßknopfes (vertikal)	ca. 1,5
„Länge" des Augsproßknopfes	ca. 0,9
Abstand des accessorischen Knopfes von der Rose (gemessen in gleicher Ebene)	ca. 2,6
Durchmesser des accessorischen Knopfes (horizontal)	ca. 1,7
Durchmesser des accessorischen Knopfes (vertikal)	ca. 0,9
„Länge" des accessorischen Knopfes	ca. 0,8
Abstand des Eissprosses (unten von der Rose)	ca. 6,5
Durchmesser des Eissprosses (basal, horizontal)	ca. 5,5
Durchmesser des Eissprosses (basal, vertikal)	ca. 3,3
Stangenumfang oberhalb (distal) des Eissprosses	17,4
Durchmesser der Stange oberhalb (distal) des Eissprosses (horizontal)	5,3
Durchmesser der Stange oberhalb (distal) des Eissprosses (vertikal)	5,5

** Abgerollt.

Beschreibung des Fossils Mosb. 1950/587 (M.M., Abb. 27), rechte Abwurfstange (Bruchstück) mit Augsproßrudiment.

Das stark gerollte Geweih-Bruchstück ist durch Abbauarbeiten bereits wenig oberhalb (distal) der Eissproßbasis abgebrochen. Die Rose ist fast vollständig abgerieben. In normaler Höhe, auf der Ober-(Innen-)Seite der Stange, versorgt durch die Gefäße des Innenquadranten, steht der Eissproß, von dem nur noch die Basis erhalten ist. Zwischen Rose und Eissproßbasis, auf der Vorderseite der Stange, findet sich das Augsproßrudiment in Form eines relativ starken „Augsproßknopfes". Unterhalb dieser Geweihaufwölbung zeigt die Stange die typische Einhöhlung.

Beschreibung des Fossils Mosb. 370 (M.W., Abb. 28), linker Abwurf (Bruchstück).

Das teilweise abgerollte Fossil zeigt eine relativ geringe Rose. Diese ist stark beschädigt. Die Gefäßrillen sind kaum noch zu erkennen. Tief an der Stange steht der Eissproß, von dem nur noch die Basis erhalten ist. Dieser Sproß war ehemals verhältnismäßig gering ausgebildet. — Ein

[59]) Das Fossil stammt aber aus den oberen oder mittleren Partien (0—10 m Tiefe) der Mosbacher Sande, nicht aus den unteren Lagen.

Augsproß bzw. Augsproßrudiment ist nicht ausgebildet. — An der Vorderseite der Stange steht der starke Mittelsproß, von dem auch nur noch die Basis erhalten ist. An dieser Stelle beginnt bei dem vorliegenden Abwurf bereits die Stangenverplattung. Distal der Mittelsproßbasis ist die Stange abgebrochen.

Maße der Abwürfe (in cm)

	Mosb.	Mosb.	Mosb.	Mosb.
Nummer des Fossils	1950/587 (M. M.)	370 (M. W.)	371 (M. W.)	1436 (M. W.)
Gesamtlänge des Fossils (Rose bis Endbruchstelle)	11,5	19,6	14,0	12,2
Rosenumfang	ca. 25,6**	**	**	**
Größter Durchmesser der Rose	ca. 8,5**	ca. 7,4**	ca. 5,3**	**
Umfang der Stange oberhalb der Rose	21,4	18,6	15,8	15,4
Abstand des Augsproßknopfes von der Rose	ca. 4,3			
Durchmesser des Augsproßknopfes (horizontal)	ca. 3,0			
Durchmesser des Augsproßknopfes (vertikal)	ca. 2,2			
„Länge“ des Augsproßknopfes	ca. 0,6			
Abstand des Eissprosses (unten von der Rose)	5,4	2,4	ca. 1,4**	2,0
Umfang des Eissprosses (basal)				9,5
Durchmesser des Eissprosses (basal, horizontal)	3,8			3,6
Durchmesser des Eissprosses (basal, vertikal)	2,3			2,4
Stangenumfang oberhalb (distal) des Eissprosses	18,2	15,9	19,8	15,1
Durchmesser der Stange oberhalb (distal) des Eissprosses, horizontal	5,3	4,5	7,9	5,7
Durchmesser der Stange oberhalb (distal) des Eissprosses, vertikal	6,1	5,3	4,0	3,7
Rose (proximal) bis Mittelsproß, gemessen in gleicher Ebene		9,7	7,2	ca. 5,6
Umfang des Mittelsprosses, basal			13,0	
Durchmesser des Mittelsprosses (basal, horizontal)			4,5	
Durchmesser des Mittelsprosses (basal, vertikal)		3,0	3,8	

** Abgerollt bzw. abgebrochen.

B. Die Zähne

1. Unterkiefer

Pachygnathe Mandibeln dieses Großhirsches, wie sie von Süßenborn, Voigtstedt und aus der Forest-Bed-Serie bekannt wurden, liegen aus den Mosbacher Sanden nicht vor. In den oben genannten Sammlungen fand sich überhaupt nur ein einigermaßen erhaltenes Unterkieferbruchstück mit Zähnen vor, das der Gruppe der *Orthogonoceros*-Hirsche zugewiesen werden kann und am besten mit den Mandibeln aus dem Altpleistozän von Voigtstedt verglichen werden kann (*Orthogonoceros* sp.). Dazu liegen zwei weitere Bruchstücke vor, die wahrscheinlich der gleichen Art zuzusprechen sind. — Aus der Sammlung des Geologisch-Paläontologischen Instituts zu Halle wird aber ein anderes Mosbacher Unterkieferbruchstück genannt, das möglicherweise dem *Orthogonoceros verticornis* (Dawkins) zuzuweisen ist. Dieses Fossil—Mandibelrest mit M_2 und M_3 (Abb.: Soergel, 1927, T. 17,5) — lag bereits E. Wüst[60]) und W. Soergel[61]) vor, die beide die Ähnlichkeit mit den typischen Süßenborner Unterkiefern betonen: „Die Breiten der Unterkieferfragmente, die trotz Verlustes der basalen Partien des Kieferastes, vor M_3 und M_2 gerade noch richtig

[60]) Wüst, E., 1900, S. 317/18.

[61]) Soergel, W., 1927, S. 392.

gemessen werden können, stimmen wie die folgenden Zahlen zeigen, mit denen des *Verticornis*-Unterkiefers von Süßenborn zu Halle völlig überein“[62]).

	Unterkieferfragment aus den Mosbacher Sanden, Sammlung Halle (SOERGEL, 1927)	Unterkieferfragment aus den Kiesen von Süßenborn (Sammlung Halle, wahrscheinlich das von WÜST und SOERGEL beschriebene und abgebildete Fossil)
Länge M_2—M_3	61,0 mm	61,4 mm
Kieferbreite von M_2	25,0 mm	24,6 mm
Kieferbreite von M_3	28,0 mm	28,7 mm

Die gleichen Werte der Unterkiefer der Weimarer Sammlung (Süßenborn, *Orthogonoceros verticornis*) sind:

Länge M_2—M_3	53,3—68,8 (n = 8)
Kieferbreite von M_2[63]) (= Breite hinter dem hinteren Prisma von M_1)	23,5—29,1 (n = 12)
Kieferbreite von M_3 (= Breite hinter dem hinteren Prisma von M_2)	26,5—33,5 (n = 12)

Die *verticornis*-Hirsche sind — hier im Gegensatz zum Rothirsch s. l. zu sehen — mehr oder weniger ausgesprochene Steppenformen. Das zeigt einerseits ihr bestimmendes Auftreten in der „präglazialen Steppenfazies“ (Süßenborn) andrerseits ihr nur sporadisches Vorkommen in den altpleistozänen „Waldfaunen“ der westdeutschen Stromgebiet-Fazies, die sie zwar erreichen, in der sie aber offensichtlich keine zusagenden Bedingungen vorfanden. Nach den bisher aus diesem Gebiet vorliegenden Funden zu urteilen (Mosbach, Lauffen am Neckar, Jockgrim, Pariser Becken usw.) ist der *Orthogonoceros* dieser Gegend einerseits durch recht altertümliche Merkmale gekennzeichnet (häufiges Ausbilden des Augsproßrudimentes bzw. des Augsprosses), die chronologischen Unterschieden entsprechen werden, andrerseits aber auch durch atypische Geweihe bei denen extreme Geweihverplattung und tiefeinsetzende Schaufelbildung dominieren. Im Zusammenhang mit mittelpleistozänen Befunden, auf die wir an anderer Stelle eingehen werden, können wir direkt von einer oekologischen Gesetzmäßigkeit sprechen: Die altpleistozänen *verticornis*-Steppenhirsche erreichen ein Biotop, das durch seine klimatischen Bedingungen und seinen mehr oder weniger großen Waldreichtum nicht ihren gewohnten Lebensbedingungen entspricht und reagieren u. a. durch Reduzierung der Geweihauslage bei gleichzeitiger starker Verplattung und sonstige Störungen im normalen Geweihaufbau auf die neuen Umweltbedingungen.

[62]) SOERGEL, W., 1927, S. 392.

[63]) SOERGEL, W., mißt die größte Breite des Kiefers jeweils vor M_1 bzw. M_2 und M_3. Dazu müssen die von uns gegebenen Maße (KAHLKE, 1956, Teil II, S. 18) von M_2 (= hinter dem hinteren Prisma genommen) mit dem SOERGELschen Maß „von M_3“ — vor dem Zahn genommen — verglichen werden.

FAMILIE: *Cervidae* GRAY 1821

GENUS: *Orthogonoceros* KAHLKE 1952

Orthogonoceros sp.

Unter den Gebißresten aus den Mosbacher Sanden, die im Museum zu Mainz liegen, befindet sich ein rechtes Unterkieferbruchstück, das mit Mandibeln aus dem Altpleistozän von Voigtstedt, die wir dem *Orthogonoceros* dieses Fundplatzes mit Sicherheit zuordnen können, morphologisch übereinstimmt aber nicht ganz die Größe dieser Stücke erreicht. Leider ist das genaue Fundniveau dieses Mosbacher Fossils nicht bekannt[64]).

Die Funde aus den altpleistozänen Sanden von Mosbach bei Wiesbaden

Beschreibung des Materials (Tafelabb. 10 und Abb. 29—32).

1. Unterkiefer

Beschreibung des Fossils Mosb. 1955/1238 (M.M., Tafelabb. 10 und Abb. 29), rechtes Unterkieferbruchstück mit P_3—M_3.

P_3dex. Der vollständig erhaltene Zahn besitzt vorn außen eine relativ starke Basalleiste. Die Vorderschlinge ist lingual leicht eingedellt.

P_4dex. Der vollständig erhaltene Zahn zeigt außen ebenfalls eine verhältnismäßig starke Basalleiste. Die wandartige Ausstülpung der zweiten Kulisse, die parallel zur Zahnlängsachse verläuft, ist mit der ersten Schlinge verschmolzen. Auf der Außenseite des Zahnes, gegenüber den beiden hinteren Schlingen, steht eine tiefe Vertikalfurche.

M_1dex. Der teilweise beschädigte Zahn (Hinterprisma) ist tief abgekaut. Er zeigt die starke Basalsäule und eine kräftige Basalleiste am Vorderprisma.

M_2dex. Der vollständig erhaltene Zahn besitzt die geringe Basalsäule des zweiten Molaren. Am Vorderprisma (außen) zieht eine starke Basalleiste, die bereits teilweise abgekaut ist, nach oben.

M_3dex. Auch dieser Zahn zeigt eine kräftige Basalsäule, und zwischen Hinterprisma und Talon einen Basalhöcker. Am Vorderprisma ist eine relativ starke Basalleiste ausgebildet.

---

[64]) Es stammt aber aus dem oberen oder mittleren Horizont (0—10 m Tiefe).

Maße des Fossils Mosb. 1955/1238 (in mm)

P_2—M_3	P_3—M_3	P_4—M_3	M_1—M_3	M_2—M_3	P_2—P_4
—	124,3	105,3	86,8	62,8	—

Die gleichen Maße der *Orthogonoceros*-Zahnreihen von Voigtstedt (Minimal- und Maximalwerte, n = 8) sind:

P_2—M_3	P_3—M_3	P_4—M_3	M_1—M_3	M_2—M_3	P_2—P_4
149,0	ca. 127,0	107,3	86,1	64,1	59,0
154,4	137,0	117,4	96,8	69,7	61,3

Höhe des Unterkieferastes (Mosb. 1955/1238, gemessen hinter dem hinteren Prisma)

bei M_1	bei M_2	bei M_3
46,1	47,1	45,2

Die gleichen Maße von Voigtstedt (Minimal- und Maximalwerte, n = 5) sind

bei M_1	bei M_2	bei M_3
50,0	54,0	53,2
55,6	58,0	60,4

Breite des Unterkieferastes (Mosb. 1955/1238, gemessen hinter dem hinteren Prisma)

bei M_1	bei M_2	bei M_3
—	27,3	28,9

Die gleichen Maße von Voigtstedt (Minimal- und Maximalwerte, n = 9) sind

bei M_1	bei M_2	bei M_3
24,0	25,5	26,1
ca. 30,0	ca. 32,6	30,0

Auch ein zweites Mandibelbruchstück der Mainzer Sammlung könnte dieser Art zugewiesen werden:

Beschreibung des Fossils Mosb. 1956/33 (M.M., Abb. 30), rechtes Unterkieferbruchstück mit M_{2-3}.

M_2dex. Der vollständig erhaltene Zahn zeigt zwischen den Prismen eine relativ starke Basalsäule. Die Basalleiste ist nur gering ausgebildet.

M_3dex. In Übereinstimmung mit dem M_2, der eine für diesen Zahn recht starke Basalsäule zeigt, ist auch die des M_3 kräftig ausgebildet. Am Vorderprisma, vorn außen, zieht eine starke Basalleiste nach oben. Auch zwischen Hinterprisma und Talon steht eine kräftige Basalsäule, die von einem kleinen Schmelzhöcker begleitet wird.

Länge $M_2 - M_3$ = 62,3 mm.

Die Prämolaren des Unterkiefers

Minimal- und Maximalwerte (Durchschnittswerte) in mm

	P_3	P_4
Länge	17,2 (n = 1)	19,1 (n = 1)
Größte Breite	10,8 (n = 1)	11,9 (n = 1)

Die Molaren des Unterkiefers

Minimal- und Maximalwerte (Durchschnittswerte) in mm

	M_1	M_2	M_3
Länge	24,1 (n = 2) 28,8	24,7 (n = 4) 29,8 (26,90)	35,3 (n = 2) 36,2
Breite des Vorderprismas	14,5 (n = 2) 14,9	15,3 (n = 4) 19,2 (16,72)	14,8 (n = 3) 17,2 (16,13)
Breite des Hinterprismas	16,4 (n = 1)	15,2 (n = 4) 18,0 (16,62)	15,5 (n = 3) 16,8 (16,20)

FAMILIE: *Cervidae* GRAY 1821

GENUS: *Dolichodoryceros* KAHLKE 1952

Dolichodoryceros sp.

Wie von Süßenborn liegen auch aus den Mosbacher Sanden keine zusammengehörenden Funde (Schädel mit Geweih und Gebiß) vor; im Gegenteil, die Mosbacher Stücke sind noch schlechter erhalten als die aus den Kiesen von Süßenborn. Neben dieser Unvollständigkeit bleiben die *Dolichodoryceros*-Reste von Mosbach im Verhältnis auch zahlenmäßig weit hinter denen von Süßenborn zurück. Wir sehen darin fazielle Unterschiede zwischen beiden Fundorten, zumal man bei der Bearbeitung der *Dolichodoryceros*- wie *Orthogonoceros*-Reste von Mosbach den Eindruck gewinnt, daß diese oberflächlich stärker beansprucht sind — wahrscheinlich einen längeren Transport hinter sich haben — als die Rothirschstangen dieses Fundortes. Das zeigen in aller Deutlichkeit die wenigen vorhandenen Stangenfragmente des *Dolichodoryceros* dieses Fundplatzes. Bisher ist es noch nicht möglich, isolierte Zähne dieses Großhirsches mit Sicherheit zu bestimmen.[65]).

Die Funde aus den altpleistozänen Sanden von Mosbach bei Wiesbaden

Beschreibung des Fossils Mosb. 1955/67 (M.M.), rechtes Stangenfragment (Basalpartie).

Unter den aus den Mosbacher Sanden stammenden Geweihbruchstücken, die wir dem *Dolichodoryceros*-Kreis zuordnen, zeigt dieses Stangenbruchstück die meiste Ähnlichkeit mit solchen aus dem Altpleistozän von Süßenborn. Über der fast vollständig abgerollten Rose steht sehr tief — direkt aus der Rose wachsend — der Augsproß, der nach der Ansatzfläche zu urteilen, basal bereits stark abgeplattet war. Noch unterhalb der Mittelsproßbasis ist das Fossil abgebrochen. — Der Oberflächenerhaltungszustand ist schlecht, die Gefäßrillen sind zum Teil volltändig abgerollt.

Beschreibung des Fossils Mosb. 1954/657 (M.M.), rechtes Stangenbruchstück (Basalpartie).

Das stark abgerollte Stangenbruchstück ist wenige Zentimeter distal der Rose abgebrochen. Der Bruch ist neu und scharfkantig. Der „Augsproß-Querschnitt" ist flach-oval, in sich aber gegliedert.

Weiter liegt im Museum zu Wiesbaden ein geringes Stangenbruchstück (Mosb. 1391) vor, das wahrscheinlich auch dem *Dolichodoryceros*-Kreis zugeordnet werden kann.

---

[65]) KAHLKE, H.-D., Süßenborn, Teil II, 1956.

Cervidae (ungewisser Zuordnung)

Weiterhin stammen aus den Mosbacher Sanden (Sammlung Mainz) zwei Abwurfstangen-Fragmente, die man weder dem *Orthogonoceros* noch dem *Dolichodoryceros* zuordnen möchte. Man könnte diese stark abgerollten Bruchstücke mit dem Hinweis abtun, daß ein solches Fossil schlechthin unbestimmbar sei, dazu sind aber solche Geweihfragmente in den Mosbacher Sanden zu selten. Wir wollen zumindest nicht versäumen, diese Funde ebenfalls zu beschreiben und abzubilden, zumal auch beim *Dolichodoryceros* dieser Fundstelle die Möglichkeit besteht, daß, dem Biotop entsprechend, Extrem-Varianten ausgebildet werden bzw. mit Störungen im normalen Geweihaufbau gerechnet werden muß.

Die Funde aus den altpleistozänen Sanden von Mosbach bei Wiesbaden

Beschreibung des Materials (Abb. 33—35).

A. Die Geweihe

Beschreibung des Fossils Mosb. 1946/23 (M.M.), linkes Stangenfragment.

Der Oberflächenerhaltungszustand dieses Abwurfstangen-Bruchstückes ist sehr schlecht, die Gefäßrillen sind kaum zu erkennen. Über der abgerollten Rose steht sehr tief an der Stange der proximale Sproß, der unmittelbar aus der Rose herauswächst. Von ihm ist nur noch die Abbruchstelle vorhanden. Diese liegt nicht direkt an der Vorderseite der Stange wie die Basis des zweiten Sprosses, sondern ist etwas nach der Innenseite der Stange hin verschoben. Der zweite Sproß war ehemals geringer entwickelt als der erste.

Beschreibung des Fossils Mosb. 1954/656 (M.M., Abb. 33), rechtes Stangenfragment.

Auch dieses Stangenbruchstück ist stark abgerollt: die Rose fehlt und die Gefäßrillen sind nicht mehr zu erkennen. Tief an der Stange, in unmittelbarer Nähe der Rose, ist die Ansatzstelle des ersten Sprosses zu erkennen. Diese ist im Querschnitt fast rund. Unmittelbar daneben war — etwas mehr an der Vorderseite der Stange — wahrscheinlich ein zweiter Sproß vorhanden, falls man nicht in der Abbruchstelle die eines einzigen Sprosses sehen will.

B. Die Gebisse

Aus den Mosbacher Sanden liegt weiter ein Oberkieferbruchstück mit P^2—M^2 (Mosb. 1956/195, M.M.) vor, das einem „Großhirsch" zugewiesen werden muß. Da Fundzusammenhänge fehlen, ist eine Zuordnung recht unsicher (Abb. 34). — Das gleiche gilt für einen M^3sin., der aber möglicherweise *Orthogonoceros* sp. dieser Fundstelle zugewiesen werden könnte (Abb. 35).

FAMILIE: *Cervidae* GRAY 1821

GENUS: *Cervus* LINNÉ 1758

Cervus acoronatus BENINDE 1937

Lectotypus: Als Lecto-Speziestypus wählen wir das schädelechte Geweih Mosb. 1945/310—312 (M.M.). Vgl.: J. BENINDE, 1937 b, Tafel 6,6 und A. BACHOFEN-ECHT, 1930, Abb. 5. Das Fossil wurde 1945 nach der Zerstörung des Museums zu Mainz neu katalogisiert.

Im Gegensatz zur altpleistozänen Fauna aus den Ilmkiesen von Süßenborn bei Weimar und der aus den Tonen von Voigtstedt bei Sangerhausen dominiert in der Fauna aus den Sanden von Mosbach der „kronenlose Rothirsch" *Cervus acoronatus* BENINDE, ja wir können sagen, daß die Cervidenfauna von Süßenborn durch den Steppenhirsch *Orthogonoceros verticornis* (DAWK.) gekennzeichnet ist, die von Mosbach eben durch den altpleistozänen Rothirsch.

Geweihreste dieser altertümlichen Rothirsche aus den Sanden von Mosbach wurden von FREUDENBERG[66]), BACHOFEN-ECHT[67]), SCHMIDTGEN[68]), BENINDE[69]) und KLEINSCHMIDT[70]) beschrieben und zum Teil ausführlich dargestellt.

In den ersten Faunenlisten bzw. Arbeiten über die Mosbacher Säugetierfauna (SANDBERGER 1875, KOCH 1880, ANDREAE 1884, ROEMER 1887 u. 1895, KINKELIN 1889 u. 1892, SCHRÖDER 1898 u. 1903; v. REICHENAU 1900, 1906 u. 1910) wird von Mosbach neben *Cervus elaphus* L., *Cervus canadensis fossilis* oder *Cervus lühdorfi* BOLAU genannt. 1898 kennzeichnete SCHRÖDER die Situation folgendermaßen: „Bei der ganz außerordentlichen Variabilität der Geweihe und den noch größeren Meinungsverschiedenheiten der Autoren über die Beziehungen und gegenseitige Abgrenzung der Varietäten, namentlich fossiler Hirsche, legt mir die sehr mangelhafte Erhaltung ... die allergrößte Vorsicht bei der Bestimmung auf" (S. 218). Obwohl SCHRÖDER erstmalig alle Rothirschgeweihreste von Mosbach auf eine Art bezog (*Cervus elaphus* L. var.), zeigte er doch wieder die vermeintliche Ähnlichkeit mit *Cervus canadensis* var. *maral* TSCHERSKI einerseits, mit *Cervus elaphus* L. andererseits auf. Ob bei dieser Unterscheidung bereits der „kleine Hirsch von Mosbach" Berücksichtigung fand, ist nicht ersichtlich.

Auch v. REICHENAU schreibt noch: die Mosbacher Geweihreste zeigen den „asiatisch-nordamerikanischen Typus" (1900, S. 56) und „die asiatischen Wapiti- oder Maralhirsche scheinen unserer Fauna als der östlichsten (Süßenborn einbegriffen) allein anzugehören, als Vorstoß vom Osten her" (1906, S. 192). Später jedoch stellte er seinen Irrtum richtig, indem er aufzeigte: „Asiatische Typen kommen nicht vor" (1910, S. 120). Bei SOERGEL (1914) finden wir neben der alten Anschauung, daß „*Cervus maral fossilis*" der Fauna von Mosbach angehöre eine Notiz, daß

[66]) FREUDENBERG, W., 1914, S. 100—105.

[67]) BACHOFEN-ECHT, A. v., 1930, S. 171—175, 1939, S. 68—76, 1941, S. 249—260.

[68]) SCHMIDTGEN, O., 1938, S. 334—339, 1938a, S. 139—142.

[69]) BENINDE, J., 1937a, S. 31—32, 1937b, S. 79—96, 1937c, S. 52—56.

[70]) KLEINSCHMIDT, O., 1937 a, S. 45.

neben diesem zwei weitere Formen von *Cervus elaphus* sp. in Mosbach vorhanden seien (S. 234). Dazu gab SOERGEL eine nähere Kennzeichnung dieser beiden Formen: „Wir haben in der Mosbacher Fauna neben dem sehr seltenen Maral zwei Formen des Edelhirsches, eine im Gebiß und Geweih normalkräftige, die im Geweih einen unverkennbaren östlichen Einschlag hat, gewissen östlichen Formen der *Elaphus*-Gruppe, *Cervus caschmirianus* (Hangul) usw. nahesteht und eine kleinere, die im Gebiß schwächer ist und im Geweih sehr schwach aufsetzt" (S. 244). — Es erscheint möglich, daß bereits SOERGEL (1914) mit seinem „kleineren Edelhirsch" den von uns herausgestellten Cerviden (vgl. S. 62) meinte. Eine nähere Beschreibung bzw. Kennzeichnung der Geweiharchitektur erfolgte aber nicht. 1914 zeigte FREUDENBERG erstmalig auf, daß „Kronen- oder Becherbildungen" bei Mosbacher Geweihen nicht bekannt seien (S. 101).

Gelegentlich der ersten Spezialuntersuchung der Mosbacher Rothirsch-Geweihe trennte BACHOFEN-ECHT (1930) die vom genannten Fundort vorliegenden Geweihreste auch in zwei Formen, die er ebenfalls nach der Größe unterschied. Wörtlich führte er aus: „Sehr starke Entwicklung der Rose und der Eissprosse, die stärker als die Augsprosse ausgebildet und meist so steil nach oben gerichtet ist, daß sie den Winkel zwischen Stange und Augsproß halbiert. Ausnahmelos beschränkt sich die Zahl der Enden außer Aug- und Eissprosse auf drei, von denen die beiden obersten häufig nur eine schwache Gabel bilden. All das ergibt, daß der Schwerpunkt der Geweihe sehr tief liegt. — Diese Züge sind allen Geweihen gemeinsam, doch bestehen so entscheidende und scharf begrenzte Unterschiede in der Größe, daß wir unbedingt von zwei Rassen sprechen müssen" (S. 172).

Bei dieser Beurteilung erscheint es ebenfalls fraglich, ob BACHOFEN-ECHT damals den von uns herauszustellenden „kleinen Cerviden von Mosbach" unter der „geringen Rasse" verstand, da dieser „Eissprossenachter" neben Aug- und Eissproß nur eine distale Gabel ausbildet. Zwar zeigen die von BACHOFEN-ECHT abgebildeten „kleinen Geweihe" stets nur eine (rekonstruierte) distale Gabel und keinen „Mittelsproß", in der Beschreibung weist aber BACHOFEN-ECHT nicht darauf hin.Nach den Abbildungen zu urteilen glauben wir aber doch, daß BACHOFEN-ECHT unter seiner „geringen Rasse" den von uns gesondert zu betrachtenden „kleinen Mosbacher Cerviden" verstand. Mit BENINDE (1937b, S. 90—91) müssen wir jedoch BACHOFEN-ECHT widersprechen[71], da er beide Formen als Rassen von *Cervus elaphus* L. bezeichnet, die nach anfänglicher Trennung und selbständiger Weiterentwicklung später wieder im gleichen Lebensraum zusammengetroffen sein sollen, wobei sich diese „Rassentrennung" bis heute erhalten hätte[72].

Die grundlegende Arbeit über die Mosbacher Rothirsch-Geweihe verdanken wir BENINDE[73]. Mit dieser Arbeit erfolgte auch die Aufstellung der altpleistozänen Art *Cervus acoronatus*. Damals kennzeichnete BENINDE das distale Geweih des Mosbacher Rothirsches, das das spezifische Merkmal lieferte, folgendermaßen: das Geweih „überschreitet auch in seinen stärksten Exemplaren nicht die Zehnerstufe. Sein Geweihoberteil besteht in einer schaufelartig abgeplatteten, transversal zur Körperachse stehenden Gabel"[74]. Obwohl der Mosbacher Rothirsch auch von uns weiter als „kronenloser Hirsch" bezeichnet wird, schließt der Name nicht aus, daß in der Variationsbreite dieser Population bereits Anfänge einer beginnenden Kronenbildung vorliegen, die durch accessorische distale Zinkenbildung erreicht wird. Dabei liegen diese distalen Zinken meist in der Ebene der mehr oder weniger abgeplatteten „Schaufel". Extremvarianten der Verplattung der distalen Stange wurden von SCHMIDTGEN (1938) und KLEINSCHMIDT (1937a) vorgelegt. Besonders charakteristisch ist weiter die relativ große Auslage der Geweihe, die sich bereits basal abzeichnet. Die „Perlung" der Geweihe ist sehr unterschiedlich — von starker bis zu fast fehlender — sind alle Übergänge vorhanden. Die Basalsprosse (Aug- und Eissproß) sind kräftig entwickelt, das Eis-

---

71) Vgl. weiter KAHLKE, Cervidenreste Süßenborn III, Nachtrag zu Teil I, Berlin 1959.

72) BACHOFEN-ECHT, Ad. v., 1930, S. 175.

73) BENINDE, J., 1937b.

74) BENINDE, J., 1937b. S. 87.

ende oftmals stärker als das untere, der Mittelsproß dagegen, der häufig sehr hoch (distal) an der Stange steht, recht schwach. Bei starken bis kapitalen Stangen finden sich auch im Bereich der Basalsprosse oftmals accessorische Zinken oder „Knöpfe". Oberhalb der Mittelsproßbasis dreht sich die Stange bei gleichzeitiger Verbreiterung und Verplattung um etwa 180 Grad. Bei einigen Geweihen sind die Gabelenden nach innen gebogen.

Gebisse sowie postkraniale Skelettreste wurden bisher nicht veröffentlicht.

Die Funde aus den altpleistozänen Sanden von Mosbach bei Wiesbaden

Beschreibung des Materials (Tafelabb. 11—16 und Abb. 36—47).

A. Die Geweihe

1. Die schädelechten Geweihe

Beschreibung des Fossils Mosb. 1957/714 (M.M., Tafelabb. 11), Schädelbruchstück mit beiden Stangen. Mit diesem Fossil liegt das bisher am vollständigsten erhaltene Geweih eines Hirsches der *elaphus*-Gruppe aus den Mosbacher Sanden vor.

a) Schädel:

Vom Schädel sind erhalten: Frontalia bis zu den Orbita, Teile des Hirnschädels, Os sphenoides und Os palatinum (teilweise) mit den beiden Zahnreihen des Oberkiefers[75]). Die Schädelnähte sind zum Teil zu erkennen.

b) rechte Stange:

Der starke, vollständig erhaltene, distal steil aufgebogene Augsproß steht sehr tief an der Stange. Noch stärker ist das Eisende, das ebenfalls steil aufgebogen ist. Die Perlung der Stange ist besonders im Bereich der Basalsprosse stark ausgeprägt. Bei gleichzeitiger Torsion biegt sich die Stange distal der Eissproßbasis nach vorn außen. Auch setzt bereits hier eine Verplattung ein. Im Verhältnis zu den Basalsprossen ist der Mittelsproß schwach ausgebildet, zeigt aber die gleiche Steilstellung der Spitze. Oberhalb der Mittelsproßbasis setzt bei umgekehrter Torsion eine starke Verbreiterung und Verplattung der Stange ein, die schließlich in einer Gabel endet. Am vorderen Gabelsproß findet sich ein kleiner Beizinken. Die Spitzen aller Sprosse (außer Hintersproß) liegen fast in einer Ebene. — In den distalen Partien der Stange ist die Perlung weniger ausgeprägt.

c) linke Stange:

Auch an der linken Stange stehen die Basalsprosse sehr tief. Wie an der rechten sind die Basis-Querschnitte fast rund und die Spitzen steil aufgebogen. Oberhalb der Basalsprosse biegt sich die Stange nach vorn, gleichzeitig setzt eine Torsion ein. Der Mittelsproß steht an der linken Stange etwas höher als an der rechten. Oberhalb der Mittelsproßbasis dreht sich die Stange erneut. Gleichzeitig tritt eine Verbreiterung dieser Geweihpartie ein, die aber nicht so stark wird wie an der rechten Stange. Beide Gabelsprosse sind abgebrochen.

Beschreibung des Fossils Mosb. 1945/310—12 (M.M.)[76]), Schädelbruchstück mit beiden Stangen.

a) Schädel:

Vom Schädel sind die Frontalia und Teile des Hirnschädels erhalten. Auch das Os palatinum mit den Zahnreihen liegt vor. P^2 fehlt auf beiden Seiten.

---

[75]) Vgl. Tafelabb. 16 u. Abb. 45—46 dieser Veröffentlichung.

[76]) BACHOFEN-ECHT, Ad. v., 1930, T. 11, 5.

b) rechte Stange:

Über dem kräftigen Rosenstock und einer grob geperlten Rose, die nur teilweise erhalten ist, steht der Augsproß sehr tief an der Stange. Dieser ist distal stark aufgebogen. Auch der Eissproß zeigt die gleiche distale Aufbiegung. Zwischen den Basalsprossen und dem Mittelsproß ist die Stange in der bereits beschriebenen Art gebogen. Vom Mittelsproß ist nur die Basis erhalten. Oberhalb des Mittelsprosses verflacht sich die Stange beträchtlich. Das Stangenende ist nicht erhalten.

c) linke Stange:

Die Rose ist nur teilweise erhalten. Aug- und Eissproß, die beide vollständig sind, stehen sehr tief an der Stange. Zwischen Eis- und Mittelsproß verläuft die Stange in dem für die Mosbacher *acoronatus*-Geweihe vielfach typischen Bogen und verflacht sich unterhalb der Mittelsproßbasis. Auch der Mittelsproß ist vollständig erhalten. Distal der Mittelsproßbasis verplattet sich das Geweih noch mehr und dreht sich um 180 Grad. Die Stange endet in einer Gabel („Eissprossenzehner“), wobei die Gabel transversal zur Körperachse stand. Beide Stangen sind bis in die Gabel hinauf stark geperlt.

Beschreibung des Fossils Mosb. 1937/6 (M.M.)[77], Schädelbruchstück mit beiden Stangen.

a) Schädel:

Vom Schädel sind die Frontalia bis etwa zum Oberrand der Orbita, die Parietalia und Teile des Hirnschädels erhalten. Die Schädelnähte sind nur teilweise zu erkennen.

b) rechte Stange:

Über einem hohen Rosenstock (junger Hirsch) steht eine geringe Rose, die teilweise beschädigt ist. Ein Augsproß ist nicht geschoben. Unterhalb des Eissprosses, auf der Innenseite der Stange, steht eine Geweihaufwölbung, die möglicherweise als „angelegter“ Augsproß anzusehen ist, oder aber mit den vielfach zu beobachtenden accessorischen Knöpfen gleichgesetzt werden kann, die sich bei den Mosbacher *acoronatus*-Hirschen häufig im Bereich der Basalsprosse finden. Distal des Eissprosses verläuft die Stange bis zum fast vollständig erhaltenen Mittelsproß in einem Bogen und verflacht sich noch unterhalb der Mittelsproßbasis. An der Spitze ist der Mittelsproß weit nach innen gebogen. Bei starker Verplattung dreht sich die Stange oberhalb der Mittelsproßbasis um etwa 180 Grad. — An dieser Stelle ist die Stange abgebrochen[78]). Nach Angabe von Herrn Conservator STADELMANN, der diese auch durch ein leider nicht reproduktionsfähiges Kleinfoto[79]) belegen kann, war damals (1937) diese Stange vollständig erhalten. Die teilweise Zerstörung des Originals ist um so bedauerlicher, als die Stange am Hintersproß einen accessorischen Beizinken besaß (Primitive „Kronenbildung“). Dabei war die Gabel typisch ausgebildet.

c) linke Stange:

Die geringe Rose ist nur teilweise erhalten. Aug- und Eissproß stehen sehr tief an der Stange und zeigen einen mehr oder weniger runden Basis-Querschnitt. Die Spitzen beider Sprosse sind stark nach oben aufgebogen. Zwischen den Basalsprossen und dem Mittelsproß zeigt die Stange die typische Biegung und verflacht sich noch unterhalb der Mittelsproßbasis. Der Mittelsproß ist fast vollständig erhalten. Distal der Mittelsproßbasis dreht sich die Stange bei stärkerer Verplattung um 180 Grad. Die Gabel fehlt teilweise.

---

[77]) SCHMIDTGEN, O., 1938. Nach 1945 neu katalogisiert = 1945/142 (vgl. Anm. 84).

[78]) Im Kriege teilweise zerstört.

[79]) SCHMIDTGEN, O., 1938, Abb. 126.

Maße der Geweihe (in cm)

	Mosb.		Mosb.		Mosb.		Mosb.	
Nummer des Fossils (Sammlung)	1945/141 (M. M.)[80]		1940/310—312 (M.M.)		1937/6 (M. M.)		1957/714 (M. M.)	
Stange	dex.	sin.	dex.	sin.	dex.	sin.	dex.	sin.
Höhe des Rosenstocks	4,6	3,8	4,0		5,7	6,0	4,2	3,9
Umfang des Rosenstocks unmittelbar unter der Rose	14,3	14,1	14,8		12,2	12,6	ca. 14,8	15,3
Querdurchmesser des Rosenstocks (von rechts nach links), oben	4,6	4,5	4,6		4,0	4,3	ca. 5,1	5,1
Querdurchmesser des Rosenstocks (von vorn nach hinten), oben	4,5	4,5	4,7		3,8	4,3	ca. 4,7	4,7
Umfang der Rose	21,6	21,3	**	**		ca. 18,8**	22,6	22,7
Größter Durchmesser der Rose	7,0	7,6	ca. 7,5**			ca. 6,7**	7,7	7,6
Umfang der Stange zwischen Rose und Augsproß	16,9	17,2	20,8	ca. 19,5		18,0	21,3	20,7
Rose (Unterseite) bis Augsproß	1,8	1,9	1,8	2,4		1,9	1,3	1,4
Länge des Augsprosses (Kurvatur gemessen)	13,8*	23,5	24,8	26,1			31,6	30,7
Umfang des Augsprosses, basal	12,1		13,3	12,3		11,0	13,4	12,8
Durchmesser des Augsprosses (basal, horizontal)	4,7	4,8	4,3	4,5		3,4	4,7	4,3
Durchmesser des Augsprosses (basal, vertikal)	3,4		4,2	6,2		3,5	3,4	3,3
Rose (Unterseite) bis Eissproßansatz	5,8	5,6	4,8	4,5	8,8	5,5	7,1	7,0
Augsproß bis Eissproß	1,6	1,9	1,5	1,7		2,4	3,8	3,8
Länge des Eissprosses (Kurvatur gemessen)	21,3*	25,8	25,1*	31,1*		33,5	38,6	36,8
Umfang des Eissprosses, basal		10,9	12,6	12,6		11,8	13,2	12,4
Durchmesser des Eissprosses (basal, horizontal)		3,6	3,2	3,8	3,0	3,1	3,8	3,9
Durchmesser des Eissprosses (basal, vertikal)		3,6	4,6	4,4	3,8	3,9	4,1	4,2
Umfang der Stange zwischen Augsproß und Eissproß	17,6	17,2	20,6	21,1		18,4	22,0	21,9
Umfang der Stange zwischen Eissproß und Mittelsproß (etwa in der Mitte zwischen beiden)	14,2	13,7	14,1	14,1	13,3	14,7	15,6	16,1
Rose bis Mittelsproßansatz (vom Innenquadranten aus gemessen)	ca. 50,8	ca. 49,5	ca. 35,0	ca. 34,0	ca. 37,0	ca. 39,0	31,7	37,3
Länge des Mittelsprosses	11,1*	17,1		ca. 21,4	11,5*	17,0*	21,1	24,8
Umfang des Mittelsprosses, basal	10,4	8,9	15,4	13,8	12,5	12,1	13,2	12,0
Großer Durchmesser des Mittelsprosses, basal	4,6	3,0	5,7	5,1	4,5	4,7	4,8	4,3
Kleiner Durchmesser des Mittelsprosses, basal	2,6	2,9	3,6	3,3	3,0	3,2	3,0	3,0
Rose bis Hauptsproß I (Sehne gemessen)		ca. 62,0		ca. 47,0		ca. 57,5	31,5	37,8
Umfang des Hauptsprosses I, basal		14,2		15,5			14,8	
Großer Durchmesser des Hauptsprosses I, basal		ca. 6,0		5,6			5,7	
Kleiner Durchmesser des Hauptsprosses I, basal		3,3		4,0			3,4	
Umfang des Hintersprosses, basal		11,2		15,0		11,8	16,9	ca. 13,5
Großer Durchmesser des Hintersprosses, basal		4,4		6,3		3,9	7,1	5,2
Kleiner Durchmesser des Hintersprosses, basal		2,8		3,2		3,3	3,5	2,9
Länge der Stange (Rose bis Hintersproß) — Kurvatur gemessen		ca. 97,0		ca. 82,0*			81,4*	75,5*
Länge der Stange (Rose bis Hintersproß) — Sehne gemessen		ca. 83,7		69,9*				
Länge des accessorischen Zinkens							ca. 2,0	
Größter Durchmesser des accessorischen Zinkens, basal							1,8	

* Bis zum Abbruch.

** Abgerollt bezw. abgebrochen.

[80]) Das wertvolle Fossil wurde beim Einbruch in das Mainzer Museum im September 1959 vollständig zerstört.

Maße der schädelechten Einzelstangen (in cm)

	Mosb.	Mosb.	Mosb.	Mosb.
Nummer des Fossils (Sammlung)	1956/763 (M. M.)	1955/1235 (M. M.)	1949/69 (M. M.)	1955/1025 (M. M.)
Höhe des Rosenstocks	5,1	5,2	ca. 6,5	4,0
Umfang des Rosenstocks unmittelbar unter der Rose	13,9	15,2	14,2	
Querdurchmesser des Rosenstocks (von rechts nach links), oben	4,3	5,0	4,7	4,7
Querdurchmesser des Rosenstocks (von vorn nach hinten), oben	4,5	4,6	4,7	4,6
Umfang der Rose	21,1	**	**	**
Größter Durchmesser der Rose	6,9	ca. 8,3**	ca. 8,3**	ca. 7,5**
Umfang der Stange zwischen Rose und Augsproß	19,0	21,1	21,3	20,9
Rose (Unterseite) bis Augsproßansatz	1,2	2,0	1,6	2,0
Länge des Augsprosses (Kurvatur gemessen)	29,1*	26,4*		28,4
Umfang des Augsprosses, basal	ca. 15,3	11,5	14,3	12,6
Durchmesser des Augsprosses (basal, horizontal)	ca. 5,6	4,2	4,8	4,2
Durchmesser des Augsprosses (basal, vertikal)	5,5	3,2	4,1	3,7
Rose (Unterseite) bis Eissproßansatz	8,6	5,8	4,1	3,7
Augsproß bis Eissproß	5,5	3,9	1,4	ca. 1,0
Länge des Eissprosses (Kurvatur gemessen)	28,2	30,4	19,9*	
Umfang des Eissprosses, basal	12,7	11,4	13,3	
Durchmesser des Eissprosses (basal, horizontal)	4,2	3,8	3,7	
Durchmesser des Eissprosses (basal, vertikal)	4,0	3,5	4,9	
Umfang der Stange zwischen Augsproß und Eissproß	19,5	18,8	24,5	
Umfang der Stange zwischen Eissproß und Mittelsproß (etwa in der Mitte zwischen beiden)	14,8	14,3	15,6	14,6
Rose bis Mittelsproßansatz (vom Innenquadranten aus gemessen)	ca. 41,5	ca. 46,0		
Länge des Mittelsprosses	15,7*			
Umfang des Mittelsprosses, basal	12,8			
Großer Durchmesser des Mittelsprosses, basal	4,9			
Kleiner Durchmesser des Mittelsprosses, basal	3,4			

*) Bis zum Abbruch.

**) Abgerollt, abgebrochen.

2. Die Abwurfstangen

Aus einer großen Anzahl mehr oder weniger gut erhaltener Abwurfstangen sollen wenige hier beschrieben und abgebildet werden. Dabei werden solche Stangen bevorzugt, die Besonderheiten (z. B. accessorische Zinken usw.) aufweisen.

Beschreibung des Fossils Mosb. 381 (M.D., Tafelabb. 12), rechte Abwurfstange.

Über der fast vollständig erhaltenen, gut geperlten Rose steht recht tief der Augsproß, der distal aufgebogen ist. Auch der Eissproß, der nur wenig stärker als der Augsproß ist, zeigt die Aufbiegung der Spitze. Beide Sprosse sind vollständig geperlt. Zwischen Eis- und Mittelsproß ist die Stange stark nach hinten gebogen. Oberhalb des Mittelsprosses setzt auf kürzeste Entfernung eine Drehung der Stange um 180 Grad bei gleichzeitiger Verplattung ein. Die Stange endet in einer Gabel.

Beschreibung des Fossils Mosb. 1951/37 (M.M.), linke Abwurfstange (Bruchstück).

Die kapitale Stange zeigt eine grob geperlte Rose, die Basalpartie des Geweihes ist kaum geperlt. Relativ hoch (distal) steht der Augsproß, der bedeutend stärker als der Eissproß ist. Beide Basalsprosse stehen sehr dicht beieinander. Auf der Innenseite der Stange findet sich in Höhe der Eissproßbasis ein accessorischer Knopf (großer Durchmesser = 22,0 mm; kleiner Durchmesser = 18,0 mm; „Länge" = 8,0 mm). Die Stange zeigt die typische Biegung.

Beschreibung des Fossils Mosb. 1954/364 (M.M.), rechte Abwurfstange (Bruchstück).

Von dieser kapitalen Stange ist nur die untere Partie erhalten. Die starke Rose fehlt zum größten Teil, ebenfalls der Augsproß. Auch der Eissproß ist tief abgebrochen. Die Perlung ist kräftig ausgeprägt. Auf der Innenseite der Stange, in Höhe der Eissproßbasis, steht ein kräftiger accessorischer Knopf (großer Durchmesser = 33,0 mm; kleiner Durchmesser = 23,0 mm; „Länge" = 16,0 mm).

Beschreibung des Fossils Mosb. 635 (M.D.), rechte Abwurfstange (Bruchstück) mit accessorischem Zinken.

Die Stange ist unterhalb der Mittelsproßbasis abgebrochen. Über der teilweise abgerollten bzw. beschädigten Rose steht recht tief an der Stange der Augsproß, der nur noch teilweise erhalten ist. Der Eissproß steht demgegenüber verhältnismäßig hoch (distal). Auf der Innenseite der Stange, zwischen Aug- und Eissproß, die Basis des Eissprosses berührend, steht der accessorische Zinken. Dieser ist fast vollständig erhalten. Die Stange ist nur wenig geperlt.

Maße des Fossils Mosb. 635 (M. D.) (in cm)

Umfang der Rose	**
Größter Durchmesser der Rose	ca. 8,0
Umfang der Stange zwischen Rose und Eissproß	21,3
Rose bis Augsproßansatz	3,2
Länge des Augsprosses	9,5*
Umfang des Augsprosses, basal	14,6
Durchmesser des Augsprosses (basal, horizontal)	4,6
Durchmesser des Augsprosses (basal, vertikal)	4,8
Rose bis Eissproßansatz	11,0
Augsproß (oben) bis Eissproß	5,1
Länge des Eissprosses	—
Umfang des Eissprosses, basal	12,5
Durchmesser des Eissprosses (basal, horizontal)	4,0
Durchmesser des Eissprosses (basal, vertikal)	3,9
Länge des accessorischen Zinkens	7,1*
Umfang des accessorischen Zinkens (basal)	7,3
Großer Durchmesser des accessorischen Zinkens	2,9
Kleiner Durchmesser des accessorischen Zinkens	1,8
Umfang der Stange zwischen Augsproß und Eissproß	21,3
Umfang der Stange zwischen Eissproß und Mittelsproß (etwa in der Mitte zwischen beiden)	14,8

*) Bis zum Abbruch.

**) Abgerollt bzw. abgebrochen.

Maße der Abwurfstangen mit erhaltener Distalpartie (in cm)

	Mosb.	Mosb.
Nummer des Fossils (Sammlung)	381 (M. D.)	359 (M. D.)
Umfang der Rose	23,7	**
Größter Durchmesser der Rose	7,8	**
Umfang der Stange zwischen Rose und Augsproß	19,7	
Rose (Innenseite) bis Augsproßansatz	2,9	
Länge des Augsprosses (Kurvatur gemessen)	27,4	
Umfang des Augsprosses, basal	11,7	
Durchmesser des Augsprosses (basal, horizontal)	4,1	
Durchmesser des Augsprosses (basal, vertikal)	3,2	
Rose (Unterseite) bis Eissproßansatz	10,7	ca. 10,5
Augsproß bis Eissproß	5,3	
Länge des Eissprosses (Kurvatur gemessen)	29,7	
Umfang des Eissprosses, basal	12,3	13,4
Durchmesser des Eissprosses (basal, horizontal)	4,1	4,4
Durchmesser des Eissprosses (basal, vertikal)	3,4	4,2
Umfang der Stange zwischen Augsproß und Eissproß	18,8	20,5
Umfang der Stange zwischen Eissproß und Mittelsproß (etwa in der Mitte zwischen beiden)	14,1	17,7
Rose bis Mittelsproßansatz	39,2	ca. 45,0
Länge des Mittelsprosses	25,4*	22,7*
Umfang des Mittelsprosses, basal	12,0	17,1
Großer Durchmesser des Mittelsprosses, basal	3,9	6,7
Kleiner Durchmesser des Mittelsprosses, basal	3,2	4,1
Rose bis Hauptsproß I (Sehne)	56,7	ca. 63,0
Umfang des Hauptsprosses I, basal	13,3	19,1
Großer Durchmesser des Hauptsprosses I, basal	ca. 5,3	7,7
Kleiner Durchmesser des Hauptsprosses I, basal	2,9	3,6
Umfang des Hintersprosses, basal	9,5	14,8
Großer Durchmesser des Hintersprosses, basal	3,4	5,8
Kleiner Durchmesser des Hintersprosses, basal	2,5	5,3
Länge der Stange (Rose bis Hintersproß) (Kurvatur gemessen)	93,8	ca. 100,0*
Länge der Stange (Rose bis Hintersproß) (Sehne gemessen)	81,0	83,8*

*) Bis zum Abbruch.
**) Abgerollt, abgebrochen.

Das distale Geweih

Die distale Stangenpartie der Mosbacher Rothirsche ist durch die transversal zur Körperachse stehende, mehr oder weniger abgeplattete Gabel gekennzeichnet. Diese Verplattung variiert beträchtlich und kann extreme Ausmaße erreichen. Einige dieser Extremvarianten sollen hier vorgelegt werden[81]). Dazu sind bisher drei Stangen nachzuweisen, die durch accessorische distale Zinkenbildung primitiv „Kronen“ ausbildeten.

[81]) Bereits 1938 machte Schmidtgen eine distale Geweihpartie eines Mosbacher Rothirsches bekannt, „welche in ganz abnormer Weise verbreitet ist“ (S. 336). Schmidtgen deutete diese „Abnormität“, die aber noch nicht die Ausmaße des Fossils Mosb. 181 (M. W.) erreicht, nicht als „Schaufelbildung“, sondern sah ganz richtig in dieser eine „brettartige Verflachung“, wie sie bei dem Mosbacher Hirsch öfters ausgebildet ist. Da diese distale Geweihverplattung und andere Geweihmerkmale den Mosbacher Rothirsch wie den von Mauer kennzeichnen, sollte man bei diesem Stück heute nicht mehr von einer Abnormität sprechen. (Vgl. weiter Haupt, O., 1938, S. 27 und Wurm, A., 1913). Dazu Konvergenzerscheinungen z. B. bei *Damacerus bessarabiae* Hom., Khomenko, 1913, T. VI, 6.

Beschreibung des Fossils Mosb. 1951/430 (M.M.), distales Stangenbruchstück.

Das distale Geweihfragment ist unterhalb (proximal) der Mittelsproßbasis abgebrochen. Der Abbruch entstand während oder vor der Einbettung im Sediment. Wie die anderen Distalpartien vom gleichen Fundort zeigt dieses Stangenbruchstück eine Drehung oberhalb des Mittelsprosses um 180 Grad und dazu eine starke Verplattung.

Maße (in cm)

Umfang des Mittelsprosses, basal	13,2
Großer Durchmesser des Mittelsprosses, basal	5,0
Kleiner Durchmesser des Mittelsprosses, basal	3,1
Großer Durchmesser der Stange unterhalb der Gabel	10,4
Kleiner Durchmesser der Stange unterhalb der Gabel	4,1

Beschreibung des Fossils Mosb. 181 (M.W., Tafelabb. 12), linkes distales Stangenbruchstück[82]).

Von dieser Stange ist nur die distale Schaufel erhalten. Die Verplattung ist stark ausgeprägt und erreicht die größte Breite unmittelbar unterhalb der Basis von Hauptsproß I und Hintersproß. Hauptsproß I (= Vordersproß) ist der längere. Zwischen diesem und dem Stangenende steht in der gleichen Ebene ein accessorischer Zinken. Somit hatte auch dieser Mosbacher Hirsch durch accessorische distale Zinkenbildung die Zehner-Stufe des Geweihes überschritten. Die Schaufel ist teilweise geperlt.

Maße (in cm)

Größte Breite der „Schaufel"	16,8	
Geringste Breite (Durchmesser) der „Schaufel"	2,5	(Mitte)
Länge des Hauptsprosses I (Vordersproß)	17,6	
Umfang des Hauptsprosses I (Vordersproß)	9,6	
Größter Durchmesser des Hauptsprosses I (Vordersproß)	3,5	
Kleiner Durchmesser des Hauptsprosses I (Vordersproß)	2,7	
Länge des accessorischen Zinkens	8,1	
Umfang des accessorischen Zinkens, basal	7,4	
Größter Durchmesser des accessorischen Zinkens	2,9	
Kleiner Durchmesser des accessorischen Zinkens	2,0	
Länge des Hintersprosses	13,4	
Größter Durchmesser des Hintersprosses	5,6	
Kleiner Durchmesser des Hintersprosses	2,3	

Bereits 1937 wurde das distale Stangenbruchstück Mosb. 181 (M.W.) von O. KLEINSCHMIDT[83]) abgebildet (Zeichnung). Bei dieser Gelegenheit vermerkte er, im Museum zu Wiesbaden „zwei dreiendige Geweihgipfel vom Mosbacher Hirsch" vorgefunden zu haben. Bei meinem Besuch 1957 fand sich nur ein solches Stück vor. Weiter erwähnt O. KLEINSCHMIDT (S. 45) eine besonders starke Stange aus den Mosbacher Sanden (Museum zu Darmstadt), die einen schwachen Höcker in der Endgabel habe. — Das damals bereits vorhandene Geweih dieser Art der Sammlung zu Mainz (Mosb. 1945/142)[84]) führt er nicht an.

[82]) Das Fossil war früher als Fragment der rechten Schaufel von *Alces latifrons* bestimmt worden, vgl. Verwaltungsbericht d. Naturwissenschaftl. Sammlung des Nassauischen Landesmuseums für das Jahr 1938 (Jahrb. Nassauischen Ver. f. Naturk., Bd. 86, Wiesbaden 1939).

[83]) KLEINSCHMIDT, O., 1937 a, S. 45.

[84]) Nach der Zerstörung des Museums 1945 neu katalogisiert, vgl. weiter auch: SCHMIDTGEN, O., 1938, S. 139; Abb. 126 — Teilansicht der prähistorischen Schau — zeigt unterhalb der linken Schaufel des zentralen *latifrons*-Geweihes (nach Originalfunden modelliert von Conservator STADELMANN, Mainz) ein *acoronatus*-Geweih (Original, Mosb. 1937/6 = 1945/142, neue Katalognummer, Sammlung Mainz) mit accessorischem distalen Zinken (rechts). Leider ist gerade diese Geweihpartie im letzten Kriege zerstört worden, das übrige Geweih ist erhalten geblieben. Eine kleine Fotografie in der Mainzer Sammlung sowie Abb. 126 obengenannter Publikation geben doch Sicherheit.

Bei der Besprechung dieser Funde zeigte KLEINSCHMIDT auf, daß entweder

1. „in Mosbach auf die *acoronatus*-Schicht eine *benindei*-Schicht“ folge,

oder 2. „der in der Regel zehnendige *Cervus acoronatus*“ die Zwölfender-Stufe erreicht,

oder 3. „der Hirsch von Mosbach und der von Mauer sind dieselbe Rasse — *acoronatus* —. Diese hat gelegentlich die aberratio *benindei* oder sogar eine vierendige Krone, die sich sogar zum Becher zu wölben beginnt, hervorgebracht (aberratio *ultra-benindei*)“.

Die Spezies *Cervus benindei* KLEINSCHMIDT 1938, wie sie sich als solche ausweist[85]), ist zu streichen. Das von BENINDE[86]) veröffentlichte Geweih von Mauer bei Heidelberg mit „mehrendiger Geweihkrone“ ist s. l. bereits als *elaphus*-Geweih anzusprechen. Wir deuten es wie andere Bearbeiter als progressive Geweihform innerhalb einer *acoronatus*-Population.

Zuvor hatte bereits SOERGEL[87]) ein etwa gleichartiges Fossil[88]) vom gleichen Fundort als (Mutante) *Cervus elaphus* mut. *prisca* „vorläufig“ abgetrennt. BENINDE[89]) bezeichnete „der heutigen trinären Nomenklatur entsprechend“ diesen altpleistozänen Hirsch daher *Cervus elaphus priscus* (SOERGEL 1914).

Der Name *„priscus“* aber ist präoccupiert. Er wurde schon 1839 von KAUP[90]) vergeben, die „neue Art“ aber von POHLIG[91]) „als verfrüht und unzutreffend“ gestrichen. KLEINSCHMIDT[92]) schlug daher den Namen *Cervus benindei* für den Hirsch von Mauer mit „primitiver Krone“ vor.

Bei all diesen Namen dürfen wir nicht vergessen, daß wir in Mosbach, Mauer, Voigtstedt, Süßenborn usw. *„acoronatus*-Populationen“ vor uns haben, in deren Variationsbreite bereits hier und da progressive *„elaphus*-Geweihtypen“ (primitive Kronenhirsche) auftreten. Wir sehen in dem Auftreten solcher distaler accessorischer Zinken bei wenigen Individuen des Mosbacher Rothirsches, daß diese luxurierenden Geweihbildungen, die wahrscheinlich auf zusagende Lebensbedingungen zurückzuführen sind, neben ihrem Auftreten im Proximalbereich der Stange[93]) auch — weniger häufig — in der Distalpartie auftreten und daß diese Einzelerscheinungen der altpleistozänen Populationen mehr und mehr zunehmen und in den mittel- und jungpleistozänen Populationen zum Typus des reifen Geweihes werden.

Wir geben also nicht dem oder jenem Individuum den Namen, sondern der Population, die in ihrem phylogenetischen Stadium (Mosbach) noch nicht die „Grenze“ *acoronatus/elaphus* überschritten hat, obwohl dem Charakter solcher Entwicklungen entsprechend einige Individuen das progressive Merkmal bereits ausbilden. Ob dabei unsere „paläontologischen (morphologischen) Arten“ in jedem Falle „biologischen Arten“ entsprechen ist mehr als fraglich und, da nicht zu beweisen, ist die Aufstellung solcher Spezies stets subjektiv.

Bei der Besprechung des taxonomischen Wertes der Geweihe allgemein kam BENINDE zu dem Ergebnis, daß die Form — und somit die Formbeurteilung des Geweihes — das wichtigste sei, die meßbaren Größen des Geweihes für die Systematik innerhalb der *elaphus*-Gruppe aber so gut wie unbrauchbar[94]) seien. In dem von ihm gegebenen Zusammenhang scheint BENINDE recht zu

---

[85]) Die Bezeichnung „Art“, „Spezies“ wird von O. KLEINSCHMIDT im Text nicht gebraucht. Er schreibt „Urhirsch von Mauer“ (S. 13). Neben dem Gattungsnamen *Cervus* muß aber *„benindei“* als Spezies-Bezeichnung angesehen werden.

[86]) BENINDE, J., 1937 b, T. 7, Fig. M. 11.

[87]) SOERGEL, W., 1914, S. 53.

[88]) Vgl. WURM, A., 1913.

[89]) BENINDE, J., 1937 b, S. 96.

[90]) KAUP, J. J., 1839, S. 297.

[91]) POHLIG, H., 1892, S. 252.

[92]) KLEINSCHMIDT, O., 1937, S. 13.

[93]) Accessorische Zinken und Höcker im Bereich von Aug- und Eissproß, vgl. Seite 49.

[94]) BENINDE, J., 1937 b, S. 84.

haben. Bei dem Versuch aber, die *elaphus*-Gruppe über die Grenze Altpleistozän/Ältestpleistozän (Villafranchium) zu verfolgen, wird neben der Form auch die Größe der Geweihe — und das zeichnet sich bereits ab — eine Rolle spielen. Wir wollen daher durch diese Feststellung BENINDEs nicht in das andere Extrem der meisten bisherigen Bearbeitungen verfallen und die metrischen Angaben bei der Bearbeitung der Geweihe vollständig aufgeben, zumal, wie wir später sehen werden[95]), die metrischen Unterschiede auch in jungpleistozänen Populationen eine große Rolle spielen (interglaziale Aue-Hirsche oder Hirsche der Glazialzeiten).

B. Die Zähne

1. Unterkiefer

Beschreibung des Fossils Mosb. 1956/761 (M.M., Tafelabb. 13 und Abb. 36), rechtes Unterkieferbruchstück mit P_2—M_3.

P_2—P_4 dex. Die Prämolaren sind verhältnismäßig kräftig entwickelt, morphologisch aber nicht von rezenten Rothirschzähnen zu unterscheiden. Der P_4 zeigt vorn eine bemerkenswert starke Basalleiste. Die Vorderschlinge des P_3 war gegabelt (isolierte Marke). Die Oberfläche der Zähne ist normal stark gekräuselt.

M_1—M_3 dex. Morphologisch stimmen auch die Molaren mit denen des rezenten *Cervus elaphus* LINNÉ überein. — Im Gegensatz zu anderen Stücken vom gleichen Fundort zeigen die Molaren des vorliegenden Fossils recht geringe Basalleisten und -säulen. Die Oberfläche der Zähne ist normal bis stark gekräuselt.

Beschreibung des Fossils Mosb. 1956/867 (M.M., Abb. 39), rechtes Unterkieferbruchstück mit P_2—M_3.

P_2—P_4 dex. Die nur wenig angekauten Prämolaren zeigen eine relativ starke Kräuselung der Oberfläche. Die Vorderkulisse des P_3 ist innen vorn nur wenig gefaltet, d. h. die Einbuchtung der Vorderschlinge (Aufsicht) ist nur gering. Die gleiche Schlinge des P_4 besaß ehemals eine tiefe Einbuchtung (isolierte Marke noch vorhanden).

M_1—M_3 dex. Auch die Molaren zeigen die relativ starke Kräuselung der Oberfläche. Die Basalleisten und -säulen sind normal stark ausgebildet.

Beschreibung des Fossils Mosb. 1955/453 (M.M., Tafelabb. 14 und Abb. 37), linkes Unterkieferbruchstück mit P_2—M_3.

P_2—P_4 sin. Die Prämolaren dieses Unterkiefers zeigen nur eine geringe Kräuselung der Oberfläche. Die Basalleiste an der Vorderseite des P_4 ist sehr gering entwickelt. P_3 zeigt eine tiefe Gabelung der Vorderschlinge.

M_1—M_3 sin. Die Molaren besitzen ebenfalls nur eine geringe Oberflächenkräuselung. Die Basalleisten wie die Basalsäulen sind relativ gering ausgebildet.

---

[95]) Die Cervidenreste aus dem Jungpleistozän von Weimar-Ehringsdorf und Taubach (in Vorbereitung).

Beschreibung des Fossils Mosb. 1956/402 (M.M., Abb. 40), linkes Unterkieferbruchstück mit P_3—M_3. Die Wurzeln von P_2 sind in den Alveolen noch erhalten.

P_3—P_4 sin. Die Basalleiste des P_4 ist gering ausgebildet, P_3 zeigt eine tiefe Gabelung der Vorderschlinge. Die Zahnoberflächen sind schwach bis normal stark gekräuselt.

M_1—M_3 sin. Die Molaren besitzen relativ starke Basalsäulen. Auch zwischen Hinterprisma und Talon steht eine solche. Die Oberfläche der Molaren ist ebenfalls normal bis stark gekräuselt.

Beschreibung des Fossils Mosb. 1955/698 (M.M., Abb. 41) rechtes Unterkieferbruchstück mit P_2—M_3. Trotz der relativ geringen Größe stellen wir dieses Mandibelbruchstück mit Vorbehalt zu *Cervus acoronatus* BEN. dieser Fundstelle. Möglicherweise ist diese Zahnreihe einem weiblichen Tier zuzuweisen.

P_2—P_4 dex. Die stark abgekauten Prämolaren besitzen eine wenig gekräuselte Oberfläche. Die Basalleiste des P_4 ist kräftig entwickelt, der P_3 zeigt auf der Innenseite des Zahnes, zwischen erster und zweiter Kulisse (Schlinge) eine zusätzliche „Basalsäule", die kräftig entwickelt und als individuelle Variation zu betrachten ist.

M_1—M_3 dex. Die Molaren zeigen starke Basalleisten und -säulen. Auf der Außenseite des Zahnes, zwischen Hinterprisma und Talon, besitzt der M_3 eine zweite relativ kräftige Basalsäule. Die Oberfläche der Zähne ist normal gekräuselt.

Maße der Unterkieferreihen (in mm)

Mosb.	P_2—M_3	P_3—M_3	P_4—M_3	M_1—M_3	M_2—M_3	P_2—P_4
1956/761 (M. M.)	125,2	112,8	95,5	77,1	55,0	49,6
1953/116 (M. M.)	ca. 133,5*/**	ca. 120,0**	101,5	83,0	60,5	ca. 49,8*/**
1955/453 (M. M.)	131,0	118,2	101,7	81,5	57,7	49,9
1956/867 (M. M.)	127,7	114,3	96,2	78,2	56,3	48,7
1956/868 (M. M.)	118,2	107,0	90,5	72,4	52,2	46,1
1955/698 (M. M.)	113,0	102,5	87,3	71,5	53,0	42,2
1956/402 (M. M.)	ca. 124,0*	112,1	95,0	77,1	56,1	ca. 45,5*
1954/70 (M. M.)	ca. 129,0*	115,3	99,2	79,9	58,4	ca. 48,0*
1955/1237 (M. M.)	ca. 124,0*		95,7	75,5	55,0	ca. 46,5*
1957/19 (M. M.)		113,4	95,1	79,3	55,4	
323 (M. D.)		105,4	90,0	72,2	54,6	
324 (M. D.)			98,4	79,9	59,1	
325 (M. D.)		ca. 110,0	ca. 95,0		52,5	
1954/565 (M. M.)			90,1	72,6	55,1	
1955/457 (M. M.)					53,1	
1956/481 (M. M.)					53,7	
327 (M. D.)					57,4	
1955/454 (M. M.)						49,1
1955/458 (M. M.)						ca. 47,5
326 (M. D.)						ca. 45,0

* An der Wurzel gemessen, da Krone fehlt.

** Maß ungenau, Unterkiefer verdrückt.

Höhe einiger Unterkiefer (in mm), jeweils hinter dem hinteren Prisma gemessen (Abb. 42)

Mosb.		bei M_1	bei M_2	bei M_3
1956/761	(M. M.)	33,7	37,5	40,1
1953/116	(M. M.)	37,5	39,0	40,8
1955/453	(M. M.)	35,4	38,6	41,1
1955/698	(M. M.)	38,0		
1955/1237	(M. M.)	37,0	39,4	
1956/481	(M. M.)	39,0	42,1	43,1
1955/457	(M. M.)	34,8	36,8	36,5
1953/492	(M. M.)		35,0	34,1
1950/9	(M. M.)	38,5		
1952/132	(M. M.)	36,8	38,5	38,7
1957/19	(M. M.)	35,8	37,6	38,0
323	(M. D.)	39,6	43,5	
324	(M. D.)	35,2	37,7	39,5

Breite einiger Unterkiefer (in mm), jeweils hinter dem hinteren Prisma gemessen (Abb. 42)

Mosb.		bei M_1	bei M_2	bei M_3
1956/761	(M. M.)	18,1	19,0	19,0
1953/116	(M. M.)	19,6	21,8	22,2
1957/19	(M. M.)	17,1	19,4	18,5
1955/453	(M. M.)	18,3	20,4	
1955/698	(M. M.)	17,2		
1955/1237	(M. M.)	18,1	19,8	
1953/492	(M. M.)		19,3	19,2
1955/457	(M. M.)		18,5	19,8
1950/9	(M. M.)	17,8		
323	(M. D.)	18,0	19,8	
324	(M. D.)	16,8	18,8	18,3
1956/585	(M. M.)	ca. 11,0	ca. 14,3	20,3
1956/224	(M. M.)	13,3	15,1	
1956/664	(M. M.)		12,1	15,6
1952/355	(M. M.)			19,0

Die Prämolaren des Unterkiefers[96])

Minimal- und Maximalwerte (Durchschnittswerte) in mm, isoliert gefundene Zähne eingeschlossen

	P_2	P_3	P_4
Länge	9,6 (n = 10) 11,4 (10,66)	13,1 (n = 24) 16,8 (15,12)	16,0 (n = 31) 19,1 (17,79)
Größte Breite	5,0 (n = 10) 7,8 (6,24)	7,1 (n = 23) 10,4 (9,09)	8,4 (n = 32) 11,5 (10,56)

[96]) Die von SCHMIDTGEN (1930, S. 115—116) veröffentlichten Werte nicht einbegriffen, da eventuell erhalten gebliebene Funde neu katalogisiert wurden und daher Überschneidungen vorkommen könnten.

Die Molaren des Unterkiefers[96])

Minimal- und Maximalwerte (Durchschnittswerte) in mm, isoliert gefundene Zähne nicht eingeschlossen

	M_1	M_2	M_3
Länge	17,0 (n = 20) 23,7 (19,99)	21,1 (n = 25) 26,7 (23,05)	29,7 (n = 23) 34,9 (31,44)
Breite des Vorderprismas	12,0 (n = 21) 14,2 (13,04)	12,8 (n = 23) 16,0 (14,49)	12,7 (n = 18) 15,8 (14,40)
Breite des Hinterprismas	12,5 (n = 21) 15,9 (13,81)	13,5 (n = 21) 15,8 (14,77)	12,8 (n = 18) 15,8 (13,80)

Die Bestimmung eines isoliert gefundenen Zahnes als M_1 oder M_2 macht teilweise Schwierigkeiten, besonders, wenn bereits eine starke Abkauung des Zahnes erfolgte. Neben den oben gegebenen Werten führen wir hier die Maße der isoliert gefundenen Molaren auf. Da für diese Zähne aber eine bessere Möglichkeit besteht, die „größte Länge bzw. die größte Breite an der Basis" — Grenze Wurzel/Krone — zu nehmen (in einer geschlossenen Zahnreihe hindert der vordere bzw. folgende Zahn oftmals beim Messen) sollen diese Maße auch eine gewisse Kontrolle für die oben angeführten Werte geben. Insbesondere trifft das für M_3 zu, der sicher zu bestimmen ist.

Die Molaren des Unterkiefers

Minimal- und Maximalwerte (Durchschnittswerte) in mm, isoliert gefundene Molaren

	M_1	M_2	M_3
Länge	18,3 (n = 18) 24,5 (20,42)	19,6 (n = 23) 25,8 (22,63)	29,4 (n = 22) 33,1 (31,06)
Breite des Vorderprismas	11,6 (n = 17) 15,2 (13,35)	11,8 (n = 22) 15,7 (13,69)	12,3 (n = 22) 15,6 (14,43)
Breite des Hinterprismas	12,6 (n = 16) 15,1 (13,69)	13,0 (n = 24) 15,8 (14,30)	12,8 (n = 22) 14,8 (13,59)

Unterkiefer mit Milchgebiß

Beschreibung des Fossils Mosb. 319 (M.D., Tafelabb. 15 und Abb. 43), rechtes Unterkieferbruchstück mit D_2—D_4 und M_1.

Der D_3 zeigt lingual eine nur sehr geringe Vertikalfurchung der vorderen Kulisse, d. h. die Vorderschlinge ist in der Aufsicht kaum gegabelt. D_4 besitzt zwischen den Prismen relativ kräftige Basalsäulen. Basalleisten sind kaum ausgebildet.

Beschreibung des Fossils Mosb. 165 (M.W., Abb. 44), linkes Unterkieferbruchstück mit D_2—D_4 und M_1.

Im Gegensatz zum Fossil Mosb. 319 (M.D.) zeigt die Vorderschlinge des D_3 eine tiefe Gabelung. Der D_4 besitzt zwischen den Prismen relativ kräftige Basalsäulen, Basalleisten sind nicht ausgebildet. Die Zähne zeigen die normale Kräuselung.

Beschreibung des Fossils Mosb. 1956/585 (M.M.), rechtes Unterkieferbruchstück mit D_3—D_4. Die Wurzeln des D_2 sind in den Alveolen noch erhalten. Die Milchzähne sind stark abgekaut, M_1 (fehlt) wird bereits in Gebrauch gewesen sein. Der D_3 zeigt eine tiefe Gabelung der Vorderschlinge, D_4 besitzt relativ starke Basalsäulen und geringe Basalleisten. Die Oberfläche der Zähne ist normal stark gekräuselt.

Maße der Unterkieferreihen mit Milchgebiß (in mm)

Mosb.	D_2—D_4	D_3—D_4
319 (M. D.)	53,1	41,2
320 (M. D.)	52,3	41,0
165 (M. W.)	53,1	41,0
1956/585 (M. M.)	56,6*	43,5

* An der Wurzel bzw. Alveole gemessen, da die Zahnkrone bzw. der Zahn fehlt.

Höhe einiger Unterkiefer mit Milchgebiß (in mm), jeweils hinter dem hinteren Prisma gemessen

Mosb.	bei D_2	bei D_3	bei D_4
319 (M. D.)	29,4	29,9	28,1
320 (M. D.)	23,4	23,8	25,9
321 (M. D.)			29,8
322 (M. D.)	22,5	27,2	29,3
165 (M. W.)	27,4	29,5	31,7
1956/224 (M. M.)	29,1	30,3	
1956/664 (M. M.)		19,1	23,0
1952/355 (M. M.)			29,2

Breite einiger Unterkiefer mit Milchgebiß (in mm), jeweils hinter dem hinteren Prisma gemessen

Mosb.	bei D_2	bei D_3	bei D_4
319 (M. D.)	10,0	12,1	17,0
320 (M. D.)	9,3	11,7	16,7
321 (M. D.)			17,2
322 (M. D.)	11,5	13,5	17,3
165 (M. W.)	10,2	13,5	17,9

Die Milchzähne des Unterkiefers

Minimal- und Maximalwerte (Durchschnittswerte) in mm, isoliert gefundene Zähne eingeschlossen

	D_2	D_3	D_4
Länge	9,3 (n = 4) 10,0 (9,57)	15,0 (n = 5) 15,8 (15,34)	22,5 (n = 12) 25,0 (23,95)
Größte Breite	3,7 (n = 4) 4,3 (3,97)	6,7 (n = 5) 7,1 (6,90)	10,2 (n = 12) 13,1 (11,52)

Wie oben betont wurde, ist die Süßenborner Cerviden-Fauna durch den Steppenhirsch *Orthogonoceros verticornis* (DAWK.) gekennzeichnet. Von dort liegen bisher 21 Mandibelbruchstücke mit definitivem Gebiß vor, die nach Aussage des Häufigkeitsverhältnisses diesem Cerviden zugeordnet werden müssen. Ein Milchgebiß ist nicht bekannt. Weiter wurden bisher von Süßenborn 7 mehr oder weniger vollständig erhaltene Unterkieferhälften mit Dauergebiß von *Alces latifrons* (JOHNS.) geborgen, darunter ebenfalls kein Milchgebiß.

Im Gegensatz zur Fundstelle Süßenborn bei Weimar wurden in den Mosbacher Sanden verhältnismäßig häufiger Cerviden-Milchgebisse gefunden. So kommen auf 47 *acoronatus*-Unterkieferbruchstücke mit definitivem Gebiß (Sammlungen zu Darmstadt, Frankfurt, Mainz und Wiesbaden) 12 Mandibelhälften mit ebenfalls vollständig oder teilweise erhaltenem Milchgebiß. — Wenn auch in Süßenborn die Erhaltungsbedingungen etwas andere sind als in Mosbach, da die altpleistozänen Ilm-Kiese zum Teil recht grob sind und dadurch für die nicht so widerstandsfähigen Mandibeln mit Milchgebiß weniger Aussicht besteht, erhalten zu bleiben und das oben genannte Verhältnis 1 : 4 durch die isoliert gefundenen *acoronatus*-Zähne von Mosbach keine Bestätigung findet, so ist doch das relativ häufige Auftreten von Cerviden-Mandibeln mit Milchgebiß bzw. isolierter Cerviden-Milchzähne in den Mosbacher Sanden sehr auffallend und ein Deutungsversuch beider Befunde sehr interessant, zumal auch das aus dem Altpleistozän von Voigtstedt bisher bekannte Material (Cerviden hauptsächlich durch „Steppenformen" der Gattung *Orthogonoceros* vertreten) etwa das gleiche Verhältnis wie das von Süßenborn zeigt. In Voigtstedt ist dazu das Sediment (Tone) besser geeignet, weniger widerstandsfähige Skelettreste zu erhalten und der Großteil des Materials konnte bei planmäßigen Untersuchungen geborgen werden.

Nach den Mosbacher Funden der oben genannten Sammlungen zu urteilen[97]) kennen wir von Süßenborn (Sammlungen zu Weimar, Halle, Berlin, Basel und Stuttgart = ehemalige Sammlung SOERGEL) fast ebensoviel Material wie von Mosbach. Interessant ist nun, daß in den Mosbacher Sanden schätzungsweise acht bis zehn mal so viel Gebißreste größerer Raubtiere (Wolf, Hyäne, Bär, Großkatzen) geborgen wurden, wie in Süßenborn. Dieses auffällige Verhältnis: relativ große Anzahl von Milchgebissen bzw. von isolierten Milchzähnen bei verhältnismäßig großer Anzahl von Resten großer Raubtiere in Mosbach und sehr geringe Anzahl von Milchzähnen bei sehr wenigen Resten großer Raubtiere in Süßenborn, legt eine einfache Deutung recht nahe, zumal in Süßenborn Milchgebisse — wenn vielleicht auch in geringerer Zahl — vorliegen müßten, da auch die weniger widerstandsfähigen *Capreolus*-Mandibeln bzw. die viel kleineren isolierten *Capreolus*-Zähne gefunden wurden. Wir werden nicht fehlgehen, in einem Teil der vorliegenden Cervidenreste von Mosbach — darunter auch eine gewisse Anzahl von Jungtieren — Beutereste der altpleistozänen Bären bzw. anderer Raubtiere zu sehen. Die Steppenlandschaft von Süßenborn beherbergte bei weitem nicht so viel Carnivoren[98]).

Im allgemeinen gilt der Rothirsch als Bewohner mehr oder weniger offener Waldungen, ist jedenfalls nicht als typische Steppenform anzusehen, ebenfalls nicht das Wildschwein. Beide Arten sind nun in den Mosbacher Sanden viel häufiger als in den Kiesen von Süßenborn. Vom Wildschwein sind mir von Süßenborn nur drei isolierte Zähne (Bruchstücke, Sammlung Museum Weimar) bekannt.

---

97) Die durch den Krieg zerstörten alten Sammlungsbestände von Mainz — soweit die Funde veröffentlicht wurden — mitgerechnet.

98) Von Süßenborn wurden bisher nur 5 Bären-Unterkieferbruchstücke des *deningeri*-Kreises, dazu 12 isolierte Bären-Einzelzähne, 5 isolierte Hyänen-Zähne und 2 Zähne einer Großkatze bekannt. Dazu tritt ein Mandibelbruchstück vom Wolf (Zähne fehlen).

2. Oberkiefer

Bisher liegen nur zwei vollständige Oberkieferreihen des gleichen Individuums vor. In einem weiteren Falle besitzt ein Schädel die rechte und linke Oberkieferreihe, wobei P^2 beiderseitig fehlt. Auf der rechten Seite sind aber die Wurzeln in den Alveolen noch erhalten, so daß mit gewisser Sicherheit die Gesamtlänge dieser Zahnreihe (P^2—M^3) gegeben werden kann.

Beschreibung des Fossils Mosb. 1957/714 (M.M., Tafelabb. 16 und Abb. 45—46), Os palatinum mit den vollständig erhaltenen Zahnreihen, die zum Schädel mit kapitalem Geweih gleicher Nummer gehören. Die relativ geringe Größe ist auffallend.

P^{2-4} (beiderseitig) Die P^2 zeigen nur angedeutete Einbuchtungen auf den Innenseiten, die P^3 besitzen eine geringe Furchung an dieser Stelle. Die P^4 wiederum gleichen in dieser Hinsicht dem P^2. Basalleisten fehlen.

M^{1-3} (beiderseitig) Die Basalleisten der Molaren sind sehr gering entwickelt, teilweise fehlen solche vollständig. Demgegenüber sind die Basalsäulen kräftig ausgebildet. Einige Molaren zeigen neben der Basalsäule kleine Sekundärsäulen.

Beschreibung des Fossils Mosb. 162 (M.W., Abb. 47), linkes Oberkieferbruchstück mit P^3—M^3.

P^3 sin. Der vollständig erhaltene Zahn zeigt eine kräftige Furchung des Innenhalbmondes. Basalleisten fehlen.

P^4 sin. Die Furchung des Innenhalbmondes ist relativ gering ausgebildet. In der Aufsicht ist diese noch nicht zu erkennen, da sie von der Kronenbasis nach der Kaufläche hin abnimmt. Vorn innen ist eine geringe Basalleiste ausgebildet.

M^1—M^3 sin. Die vollständig erhaltenen Molaren zeigen starke Basalsäulen und ausgebildete Basalleisten.

Maße der Oberkieferreihen (in mm)

Mosb.		P^2—M^3	P^3—M^3	P^4—M^3	M^1—M^3	M^2—M^3	P^2—P^4
1957/714	(M. M.) dex.	106,4	91,0	75,2	63,0	43,8	47,3
1957/714	(M. M.) sin.	107,0	90,8	75,3	62,2	43,6	47,2
1945/310—12	(M. M.) dex.	ca. 121,0*	104,9	87,6	72,7	49,2	
1945/310—12	(M. M.) sin.		105,0	86,5	72,3	49,8	
162	(M. W.) sin.		93,8	75,7	63,0	43,4	

* An der Wurzel gemessen.

Die Prämolaren des Oberkiefers

Minimal- und Maximalwerte (Durchschnittswerte) in mm, isolierte Zähne eingeschlossen

	P^2	P^3	P^4
Länge	16,5 (n = 3) 17,6 (16,85)	15,5 (n = 4) 15,8 (15,60)	12,9 (n = 4) 14,5 (13,82)
Größte Breite	13,0 (n = 3) 14,2 (13,7)	15,1 (n = 4) 17,3 (15,9)	16,8 (n = 7) 18,3 (17,55)

Die Molaren des Oberkiefers

Minimal- und Maximalwerte (Durchschnittswerte) in mm, isolierte Zähne nicht eingeschlossen

	M^1	M^2	M^3
Länge	17,4 (n = 5) 18,5 (17,79)	20,3 (n = 5) 21,0 (20,56)	20,5 (n = 5) 21,5 (20,86)
Breite des Vorderprismas	20,4 (n = 5) 22,0 (20,96)	23,0 (n = 5) 23,9 (23,33)	22,5 (n = 5) 22,8 (22,53)
Breite des Hinterprismas	19,8 (n = 5) 20,1 (19,96)	22,5 (n = 5) 22,8 (22,63)	20,8 (n = 5) 21,5 (21,06)

FAMILIE: *Cervidae* GRAY 1821

GENUS: *Rangifer* FRISCH 1775

Rangifer sp.

Die ersten Autoren, die die Säugetierfauna aus den altpleistozänen Sanden von Mosbach bearbeiteten, führten in ihren Faunenlisten „*Cervus (Rangifer) tarandus* L."[99]). F. KINKELIN[100]) bezweifelte als erster die Zugehörigkeit des Ren zur Mosbacher Fauna, führte diese Art aber noch als fraglich in seiner Faunenliste. SCHRÖDER (1898) berücksichtigte das Ren in seiner Liste der sicher erkannten Arten aus den Mosbacher Sanden nicht mehr.

Auch in der Faunenliste SOERGELs (1914) findet sich das Ren nicht. In einer Übersicht über die „Rentiere des deutschen Alt- und Mitteldiluviums" (1940) legt der gleiche Autor aber eine Abwurfstange vor, die einem Ren zugewiesen wurde und wahrscheinlich aus der oberen Stufe der Mosbacher Sande stammt[101]). Das aus mehreren Stücken zusammengesetzte Fossil wurde von SOERGEL als anomales weibliches Geweih der Tundra-Gruppe bestimmt, von DIETRICH[102]) schließlich als „mixtum compositum" abgelehnt. Da sich das Fundstück nicht mehr in der Mainzer Sammlung befindet, ist eine nochmalige Untersuchung nicht möglich[103]).

---

[99]) SANDBERGER 1875, KOCH 1880, ANDREAE 1884, ROEMER 1887 u. 1895. Wie bereits betont, konnte sich der Verfasser davon überzeugen, daß anfangs Geweihfragmente der Mosbacher *Orthogonoceros*-Hirsche als solche vom Ren bestimmt wurden. Die alten Fundstücke (*Orthogonoceros*-Stangenbruchstücke) der Sammlung des Museums zu Wiesbaden tragen z. T. heute noch u. a. auf den Etiketten diese alten Bestimmungen. Auch aus den Angaben von SCHRÖDER (1898, S. 219) ist diese Verwechslung der ersten Beschreiber zu entnehmen. — Ob damals neben den genannten *Orthogonoceros*-Funden wirkliche Ren-Geweihreste aus den Mosbacher Sanden bereits vorlagen, ist nicht anzunehmen, da die folgenden Faunenlisten (u. a. SOERGEL, 1914) diese Art nicht führen.

[100]) KINKELIN, F., 1892, S. 260.

[101]) SOERGEL, W., 1940, S. 391.

[102]) DIETRICH, W. O., 1942, S. 346.

[103]) DIETRICH, W. O., 1942, S. 346.

FAMILIE: *Cervidae* GRAY 1821

GENUS: indet.

„Cervus" elaphoides n. sp.

Derivatio nominis:

Nach der Ähnlichkeit der proximalen Geweihpartie mit Stangen des *Cervus elaphus* L.

Typus:

Rechte Abwurfstange (Bruchstück) aus den Sanden von Mosbach bei Wiesbaden (Mosb. 1955/470, Tafelabb. 17). Das Fossil liegt im Museum für Naturkunde zu Mainz.

Locus typicus:

Altpleistozäne Sande von Mosbach bei Wiesbaden.

Diagnose:

Cervide von der Größe eines Damhirsches mit Sechsergeweih (Achtergeweih). Die Stange endet in einer Gabel, zeigt in der Regel beim reifen Geweih einen zweiten Basalsproß („Eissproß"), der nahe dem ersten Basalsproß („Augsproß") steht. Den bisher bekannten Mosbacher Stangen fehlt die typische „Perlung" der Rothirschgeweihe.

Differentialdiagnose:

Im Gegensatz zur Stange des altpleistozänen Rothirsches *Cervus acoronatus* BENINDE überschreiten die Geweihe dieses Cerviden in ihrer Typusform nicht die Sechser-Stufe (Achter-Stufe bei zweitem Basalsproß). Dazu erreichen sie nur etwa die halbe Größe der *acoronatus*-Geweihe vom gleichen oder von anderen bisher bekannten Fundorten.

Beschreibung:

Neben den typischen Elaphinen-Geweihen, die dem Mosbacher *Cervus acoronatus* BENINDE zuzuweisen sind, liegen Geweihbruchstücke eines kleinen Cerviden aus den Mosbacher Sanden vor, die nicht auf den oben genannten altpleistozänen Rothirsch dieser Fundstelle bezogen werden können. Eine vollständig erhaltene Stange ist heute nicht mehr erhalten, auch isolierte distale Geweihbruchstücke fehlen seit der Zerstörung (1944) des Mainzer Museums.

Die Geweihe dieses kleinen Mosbacher Cerviden sind in ihrem Reifestadium durch zwei proximale Sprosse gekennzeichnet, die nahe beieinander stehen. Die Rosen sind gut ausgebildet; die Stangen zeigen aber keine Perlung. Nach den bisherigen Funden zu urteilen, fehlte diesen Geweihen ein hochstehender dritter Sproß, der dem Mittelsproß der *elaphus*-Geweihe entsprechen würde. Wir können aber annehmen, daß das Geweih mit einer Gabel endete, da aus dem Altpleistozän von Mosbach eine solche Stange vorlag (BACHOFEN-ECHT, AD., 1930, T. 11, Nr. 8).

Unter den Funden aus den Mosbacher Sanden befindet sich nur ein Stangenbruchstück, das den zweiten Basalsproß („Eissproß") nicht besitzt.

W. v. REICHENAU[104]) war wohl der erste, der die Vermutung äußerte, daß neben „den Elaphinen" in den Mosbacher Sanden „vielleicht auch ein Sikahirsch hierher gehört". Seit dieser Zeit wird in den Faunenlisten von Mosbach ab und zu der „kleine Hirsch von Mosbach" geführt. Bei der Unvollständigkeit der Fossilien wurde aber übersehen, daß der Sika fossiler[105]) wie rezenter Prägung u. a. durch eine Stange gekennzeichnet ist, die neben einem der Rose sehr nahestehenden Basalsproß einen zweiten Sproß zeigt, der nicht im Basalbereich der Stange steht, sondern eine Stellung an dieser einnimmt, die mit der des Mittelsprosses der Elaphinen verglichen werden kann. Ein zweiter Basalsproß kommt ebenfalls vor.

Demgegenüber zeigen die vorliegenden Stangenbruchstücke von Mosbach zwei nahe der Rose mehr oder weniger eng zusammenstehende Basalsprosse und eine distale Gabel[106]), die in Übereinstimmung mit den altpleistozänen Rothirsch-Geweihen transversal zur Körperachse stand. Auch BACHOFEN-ECHT erkannte bereits diese aufgezeigten Züge, die „allen Geweihen gemeinsam"[107]) sind und dehnte seine Beobachtung auch auf die Metapodien aus. Er schätzte die Geweihmasse der „starken Rasse von Mosbach" (= *Cervus acoronatus* BENINDE) mindestens 3—4mal größer als die der „geringen Rasse" (= „*Cervus*" *elaphoides* n. sp.). Dadurch ist uns der Beweis gegeben, daß BACHOFEN-ECHT auch wirklich die von uns herausgestellten Geweihe bzw. Geweihbruchstücke meinte.

BACHOFEN-ECHT sah also in der kleinen Cervidenform eine Rasse des echten Rothirsches (*Cervus elaphus* L.) und erklärte das Zusammenvorkommen der beiden Cerviden durch eine „Spaltung in zwei parallel sich entwickelnde, aber doch in der Größe so sehr verschiedene Rassen", die lange unter verschiedenen Lebensbedingungen standen und später wieder zusammentrafen[108]). Bei der Bearbeitung der Süßenborner Geweihreste mußten wir bereits dieser Meinung widersprechen[109]). Betrachten wir die Geweihreste des kleinen Mosbacher Cerviden im Überblick, so kann gesagt werden, daß dieser Cervide nicht als Rothirsch (*Cervus elaphus* L.) bezeichnet werden kann. BENINDE[110]) trennte ja schon den altpleistozänen „echten Rothirsch", *Cervus acoronatus* als selbständige Art ab. Aber auch dem *acoronatus*-Hirsch können wir die kleinen Mosbacher Geweihe nicht zuordnen, da sie morphologisch (Sechsergeweih) wie größenmäßig nicht mit dem Rothirsch des gleichen Lebensraumes übereinstimmen.

BENINDE erkannte bereits 1937 diese Sachlage[111]), zögerte aber, da ihm damals das vorliegende Material nicht ausreichte, die Aufstellung einer neuen Art durchzuführen. — Wir

---

[104]) REICHENAU, W. v., 1906, S. 192. 1910 jedoch schrieb REICHENAU (S. 120): „von oberpliozänen Hirschen ist kein Rest gefunden worden."

[105]) YOUNG, C. C., 1932, S. 26—37.

[106]) BACHOFEN-ECHT, Ad., 1930, T. 11, Nr. 8, wahrscheinlich wurde diese Abwurfstange im Kriege zerstört, ich konnte sie 1956/57 in keiner Sammlung auffinden.

[107]) Gemeint sind die starken Geweihe des *Cervus acoronatus* BENINDE und die schwachen Geweihe der „geringeren Rasse" (= „der kleine Hirsch von Mosbach").

[108]) BACHOFEN-ECHT, Ad., 1930, S. 175.

[109]) KAHLKE, H.-D., Die Cervidenreste aus den altpleistozänen Ilmkiesen von Süßenborn bei Weimar. Teil III, (Nachtrag zu Teil I), Akademie-Verlag, Berlin 1959.

[110]) BENINDE, J., 1937 b, S. 93.

[111]) „Es geht also nicht an, für Mosbach von zwei Hirschrassen zu sprechen. Man muß sich darüber klar sein, daß beim Fehlen verbindender Zwischenglieder die beiden Mosbacher Größenformen von *Cervus* als verschiedene Spezies ohne Kreuzungsgemeinschaft anzusehen sind. Ihre systematische Trennung wird — vorausgesetzt, daß es sich nicht unwahrscheinlicherweise um Jugend- und Altersformen einer Art handelt — einmal erfolgen müssen" (BENINDE, J., 1937 b, S. 91).

vereinigen heute diese aus dem Altpleistozän von Mosbach vorliegenden Funde zu einer neuen Art: *„Cervus" elaphoides* n. sp.[112])

Es ist auffallend, daß neben den Geweihbruchstücken und einigen Skelettresten, die man auf diesen Hirsch beziehen könnte, kaum Gebißreste gefunden wurden. Neben einigen kleinen Zahnbruchstücken, die sich in den genannten Sammlungen finden, kommen zwei Unterkieferbruchstücke in Betracht, die nach den bisher vorliegenden Funden zu urteilen, diesem Cerviden zugewiesen werden könnten. Am wahrscheinlichsten kann das Mandibelbruchstück, das schon SCHMIDTGEN[113]) einer Dama-Form zuschrieb, dafür in Anspruch genommen werden. Leider waren die Zähne dieses Fundes so tief abgekaut, daß morphologische Einzelheiten nicht mehr zu erkennen waren[114]). Schon SCHMIDTGEN zeigte auf, daß besser erhaltene Fundstücke nötig wären, um diesen Cerviden näher zu kennzeichnen. Er dachte ebenfalls an Vergleiche mit fossilen „Sika-Formen"[115]).

Das zweite Mandibelbruchstück, das für diesen kleinen Cerviden in Frage kommen könnte, trägt ein typisches Elaphinen-Gebiß[116]), erreicht aber nicht die durchschnittliche Größe der anderen *acoronatus*-Gebisse von Mosbach. — Da in beiden Fällen keine Sicherheit zu erlangen war, müssen diese beiden Mandibelbruchstücke bei der Beurteilung ausscheiden.

Aus dem Villafranchium bzw. Altpleistozän Europas und Asiens sind eine ganze Anzahl kleinerer Cerviden bekannt geworden: *Cervus pardinensis* CROIZET & JOBERT, *Cervus philisi* SCHAUB, *Cervus elegans* TEILHARD & PIVETEAU, *Cervus pundjabensis* BROWN usw., die auch je nach der Form des Geweihes rezenten Gattungen bzw. Untergattungen zugewiesen wurden. Alle diese Einreihungen sind aber nicht unwidersprochen hingenommen worden und es hat bei der fragmentarischen Überlieferung des kleinen Mosbacher Hirsches wenig Zweck über seine mögliche Einreihung in eine der rezenten Gattungen (*Axis, Rusa* usw.) zu diskutieren, verzichtete ja schon S. SCHAUB (1941, S. 270—71) darauf, *Cervus philisi* aus dem Villafranchium von Senèze einem rezenten Genus zuzuweisen, obwohl ein vollständiges Skelett als Typus der Art vorlag. Angesichts der Schwierigkeiten, die sich heute noch Versuchen dieser Art entgegenstellen, läßt S. SCHAUB die Möglichkeit offen, die „Rusa-ähnlichen" Cerviden des Villafranka-Horizontes als Glieder einer im Oberpliozän bzw. im Villafranchium „in Blüte stehenden, später aber offenbar ausgestorbenen Gruppe" zu betrachten. — Nach dem bisherigen Forschungsstand erscheint es am besten, *„Cervus" elaphoides* n. sp. als späten (altpleistozänen) Vertreter dieses „Rusa-ähnlichen" Formenkreises des Villafranka-Horizontes, dessen Bestand noch näher zu umschreiben und gegenüber den kleinen „*Dama*-Formen" (*Dama nesti* MAJOR) abzugrenzen ist, aufzufassen. Inwieweit die Gruppe dieser „Rusa-ähnlichen" Hirsche des europäischen Villafranka-Horizontes mit bestimmten rezenten Cerviden in Verbindung steht, ist dabei heute noch nicht anzugeben.

---

112) Aus dem Altpleistozän von Süßenborn konnte der Verfasser einen morphologisch gleichen aber größeren Abwurf beschreiben (KAHLKE, H.-D., Cervidenreste Süßenborn III, Berlin 1959) der noch dazu die typische Perlung der Rothirsch-Geweihe zeigt. Inzwischen liegt ein weiteres Geweihbruchstück von Süßenborn vor, das keine Perlung zeigt und bei dem der zweite Basalsproß (= „Eissproß") sehr gering ausgebildet ist.

113) SCHMIDTGEN, O., 1930.

114) Das Fossil ist bei der Zerstörung des Mainzer Museums im letzten Kriege vernichtet worden. Im Museum zu Mainz liegen aber noch zwei Gipsabgüsse des Originals.

115) SCHMIDTGEN, O., 1930, S. 118.

116) Das Fossil (Mosb. 1955/698 M.M.) wird von uns bis zur Klärung dieser Frage dem *acoronatus*-Hirsch dieses Fundplatzes zugewiesen.

Die Funde aus den altpleistozänen Sanden von Mosbach bei Wiesbaden

Beschreibung des Materials (Tafelabb. 17—18 und Abb. 48—49).

A. Die Geweihe

1. Die schädelechten Geweihbruchstücke

Da die bisher vorliegenden Abwürfe besser erhalten sind als die drei schädelechten Stangenbruchstücke (Sammlungen Darmstadt und Wiesbaden), erübrigt sich eine Beschreibung dieser. Es soll hier nur darauf hingewiesen werden, daß der Rosenstock dieser Art recht hoch ist und die Stange verhältnismäßig steil nach oben steht.

Maße der schädelechten Stangen (in cm)

	Mosb.	Mosb.	Mosb.
Nummer des Fossils	319 (M. W.)	365 (M. W.)	181 (M. D.)
Höhe des Rosenstocks	5,4	4,5	4,6
Umfang des Rosenstocks (unterhalb der Rose)	9,8	8,6	9,7
Querdurchmesser des Rosenstocks (von rechts nach links)	3,1	2,7	3,0
Querdurchmesser des Rosenstocks (von vorn nach hinten)	3,5	3,0	3,2
Umfang der Rose	**	ca. 10,8**	ca. 14,2**
Größter Durchmesser der Rose	ca. 4,8**	ca. 4,0**	
Stangenumfang oberhalb der Rose	12,8	10,0	10,7
Rose (proximal) bis Augsproß	1,5	1,0	
Umfang des Augsprosses (basal)	7,6	6,3	
Durchmesser des Augsprosses (basal, horizontal)	2,7	2,5	2,8
Durchmesser des Augsprosses (basal, vertikal)	1,9	1,8	2,5
Augsproß bis Eissproß	6,3		
Umfang des Eissprosses (basal)	6,3		
Durchmesser des Eissprosses (basal, horizontal)	2,2		
Durchmesser des Eissprosses (basal, vertikal)	1,9		
Rose (proximal) bis Eissproß	8,7		
Umfang der Stange (distal, am Abbruch)	7,5		

* Bis zum Abbruch.
** Abgerollt, abgebrochen.

2. Die Abwurfstangen

Beschreibung des Fossils Mosb. 1955/470 (M.M., Tafelabb. 17), rechter Abwurf.

Dieses rechte Stangenbruchstück ist das vollständigste, das mir aus den genannten Sammlungen vorlag. — Der distale Bruch ist vor bzw. während der Einbettung im Sediment entstanden. Über der gering entwickelten, nur teilweise erhaltenen Rose stehen die beiden Basalsprosse sehr dicht beieinander. Dadurch erfährt die basale Stange eine extreme Verbreiterung. Beide Sprosse — und das scheint nach dem bisher bekannten Material von Mosbach eine Eigentümlichkeit dieser Art zu sein — sind gerade gestreckt, zeigen also nicht die typische distale Aufbiegung der Basalsprosse von Rot- und Damwild im weiteren Sinne. Der zweite Basalsproß dieser Stange ist betont stärker ausgebildet als der Augsproß, dem nur die äußerste Spitze fehlt. Oberhalb der beiden Basalsprosse beschreibt die Stange einen Bogen, wobei weit distal eine geringe Verplattung eintritt. Der Querschnitt am Bruch ist oval. Die Oberfläche der Stange zeigt keine Perlung.

Maße der Abwurfstangen (in cm)

	Mosb.	Mosb.	Mosb.	Mosb.	Mosb.	Mosb.	Mosb.
Nummer des Fossils	1955/470 (M. M.)	1954/232 (M. M.)	1945/8896 (M.M.)***	364 (M. W.)	1582 (M. D.)	2165 (M. F.)	2133 (M. F.)
Gesamtlänge des Fossils (Rose bis Endbruchstelle)	28,5			28,0	28,2	18,0	16,7
Umfang der Rose	10,9**	12,3**	**	**	11,2		ca. 12,2**
Größter Durchmesser der Rose	ca. 3,7**	4,6	ca. 3,7**	ca. 4,6**			ca. 4,5**
Stangenumfang oberhalb der Rose	10,2	10,8	9,7	ca. 11,0**	9,2		9,9
Rose (proximal) bis Augsproß	4,4	2,0	1,7	3,1	3,4	2,6	2,4
Umfang des Augsprosses, basal	5,7	7,2	6,3			7,2	5,7
Durchmesser des Augsprosses (basal, horizontal)	1,8	2,4	2,4		1,8	2,6	2,1
Durchmesser des Augsprosses (basal, vertikal)	1,4	1,8	1,4	1,6	1,3	1,9	1,7
Augsproß bis Eissproß	1,4					4,9	4,4
Umfang des Eissprosses, basal	6,1						5,3
Durchmesser des Eissprosses (basal, horizontal)	2,0						1,7 1,5
Durchmesser des Eissprosses (basal, vertikal)	1,9						
Länge des Augsprosses	9,1*					14,2	10,9*
Länge des Eissprosses	12,0*						7,8*
Rose bis Eissproß	ca. 5,5						
Umfang der Stange (distal, am Abbruch)	7,8			7,7	ca. 9,7	10,4 10,9	9,1 7,5

* Bis zum Abbruch.
** Abgerollt, abgebrochen.
*** Abguß, Original im Kriege zerstört.

Beschreibung des Fossils Mosb. 2165 (M.F., Tafelabb. 18), rechter Abwurf.

Die teilweise erhaltene Stange ist weniger stark gebogen als die der Mainzer Sammlung (Mosb. 1955/470). Die Rose ist stark beschädigt. In normaler Höhe über dieser steht der Augsproß, der vollständig erhalten ist. Auch dieser ist distal nicht aufgebogen, sondern zeigt wie die anderen Stangen eine „gerade, gestreckte" Form. Im Gegensatz aber zu dem genannten Fossil der Mainzer Sammlung steht an dieser Stange der Eissproß, von dem nur noch die Ansatzstelle erhalten ist, recht hoch (distal). Wenig oberhalb der Eissproßbasis ist die Stange abgebrochen. Die Stangenoberfläche ist nicht geperlt.

Beschreibung des Fossils Mosb. 2133 (M.F., Tafelabb. 18), rechter Abwurf.

An diesem Stangenbruchstück sind Aug- und Eissproß fast vollständig erhalten. Beide zeigen die „gestreckte, gerade" Form. Im Gegensatz zum Fossil Mosb. 1955/470 (M.M.) ist an dieser Stange der Augsproß kräftiger ausgebildet als der Eissproß. — Die Rose ist teilweise beschädigt, die Oberfläche der Stange zeigt keine Perlung.

Beschreibung des Fossils Mosb. 1582 (M.D.), linker Abwurf.

Im Gegensatz zu den bisher beschriebenen Stangen dieser Art ist am vorliegenden Fossil kein „Eissproß" geschoben. Auch beschreibt die Stange oberhalb des Basalsprosses einen weniger starken Bogen als das Typusstück 1955/470 (M.M.). Der distale Bruch, der einen ovalen Querschnitt zeigt, ist neu, d. h. das Fossil war ursprünglich wohl vollständig erhalten, wurde aber bei den Abbauarbeiten nur teilweise geborgen. Isolierte Bruchstücke der Distalpartie liegen nicht vor. Die Rose ist beschädigt bzw. abgerollt. Die Stange ist nicht geperlt.

Beschreibung des Fossils Mosb. 1954/232 (M.M., Abb. 48), linker Abwurf (Bruchstück).

Das Stangenbruchstück zeigt einen fast vollständig erhaltenen Augsproß. Dieser ist etwas gebogen und unterscheidet sich dadurch von den anderen, die bisher vom gleichen Fundort vorliegen. Die Rose ist wenig beschädigt, die Gefäßrillen sind zu erkennen. Die Stange ist nicht geperlt.

Dazu liegen in den Sammlungen Darmstadt und Mainz je zwei weitere Abwurfstangen-Bruchstücke, die der gleichen Art angehören.

B. Die Zähne

Wie bereits gesagt, ist eine sichere Zuordnung von Zahnfunden noch nicht möglich. Die beiden in Frage kommenden Unterkieferreihen wurden an anderer Stelle beschrieben und abgebildet[117]. Es besteht aber auch die Möglichkeit, daß beide genannten Mandibelbruchstücke nicht dieser Art zugehören.

[117]) SCHMIDTGEN, O., 1930; vgl. weiter vorliegende Veröffentlichung S. 54 und Abb. 41.

FAMILIE: *Cervidae* GRAY 1821

GENUS: *Capreolus* FRISCH 1775

Capreolus süssenbornensis KAHLKE 1956

Die Rehe aus dem Altpleistozän von Mosbach sind der gleichen Art zuzurechnen, wie die aus den altpleistozänen Ilmkiesen von Süßenborn bei Weimar. In Übereinstimmung mit dem Befund von Süßenborn liegen auch hier fast ausschließlich Abwürfe vor; schädelechte Stangen sind sehr selten. Erstmalig kann ein vollständig erhaltenes Milchgebiß (Unterkiefer) des altpleistozänen Rehes vorgelegt werden.

Die Funde aus den altpleistozänen Sanden von Mosbach bei Wiesbaden

Beschreibung des Materials (Tafelabb. 19—20 und Abb. 50—58).

A. Die Gehörne

1. Die schädelechten Stangen

Wie in den Kiesen von Süßenborn bei Weimar gehören schädelechte Stangen auch hier zu den Seltenheiten. Aus dem Altpleistozän von Mosbach liegen bisher an einigermaßen gut erhaltenen Stücken nur schädelechte Spieß-Gehörne (isolierte Einzelstangen) vor.

Maße der schädelechten Spieß-Gehörne (in cm)

	Mosb.	Mosb.	Mosb.
Nummer des Fossils (Sammlung)	1954/611 (M. M.)	348 (M. D.)	349 (M. D.)
Gesamtlänge (Rose bis Spitze)	8,7*	11,8*	6,0
Umfang des Rosenstocks	3,6	5,6	4,1
Größter Durchmesser des Rosenstocks . . .	1,25	1,8	1,3
Rosenumfang.	5,9	7,3	5,8
Größter Durchmesser der Rose.	2,0	2,5	2,1
Umfang der Stange über der Rose	4,1	5,8	4,8

* Bis zum Abbruch.

Maße der Abwurfstangen (in cm)

	Mosb.	Mosb.	Mosb.	Mosb.	Mosb.
Nummer des Fossils (Sammlung)	1955/481 (M. M.)	1956/178 (M. M.)	1956/980 (M. M.)	1955/1091 (M. M.)	13 (M. D.)
Gesamtlänge	27,0*	22,5*	20,1*	18,9*	22,4*
Umfang der Rose	**		**	**	9,5
Größter Durchmesser der Rose	**	ca. 4,5	**	4,1	3,2
Umfang der Stange über der Rose	7,9	8,8	5,8	9,6	7,1
Länge der Stange (Rose bis Vordersproßansatz)	13,2	10,3	15,6	9,1	8,5
Oberer Stangenumfang	7,8	8,7	5,1	7,9	7,8
Oberer Stangendurchmesser (frontal)	1,6	1,85	1,1	2,2	1,9
Oberer Stangendurchmesser (dorsal)	2,9	3,2	2,0	2,9	2,6
Länge des Vordersprosses		7,8*			
Umfang des Vordersprosses (basal)	4,2	4,8			4,6
Durchmesser des Vordersprosses (basal, frontal)	1,15	1,4			1,3
Durchmesser des Vordersprosses (basal, dorsal)	1,5	1,7			1,5
Länge des Obersprosses	4,5*				
Umfang des Obersprosses (basal)	4,5	4,5	2,1	5,4	3,9
Durchmesser des Obersprosses (basal, frontal)	1,2	1,3	0,65	1,6	1,2
Durchmesser des Obersprosses (basal, dorsal)	1,5	1,4	0,8	1,7	1,5
Länge des Hintersprosses	5,7	5,0*			2,7
Umfang des Hintersprosses (basal)	5,1		2,3		3,6
Durchmesser des Hintersprosses (basal, frontal)	0,9		0,5		0,8
Durchmesser des Hintersprosses (basal, dorsal)	3,85		0,8		1,2

* Bis zum Abbruch.
** Abgerollt bzw. abgebrochen.

2. Die Abwurfstangen

Beschreibung des Fossils Mosb. 1955/481 (Tafelabb. 19), linker Abwurf.

Der Oberflächenerhaltungszustand ist gut, nur die Rose ist etwas abgerollt. Die Stange zeigt eine geringe Perlung und eine „Dachrose“ (= schräg zur Stangenachse stehende Abwurffläche). Diese Stange wurde von einem alten Bock geschoben („zurückgesetzte Stange“). Bezeichnend ist weiter die starke Verplattung aller Partien.

Beschreibung des Fossils Mosb. 1956/178 (M.M.), linker Abwurf.

Fast vollständig erhaltener Abwurf. Es fehlen jeweils nur die äußersten Sprossenspitzen. Das Fossil ist kaum gerollt, die Perlung ist normal stark. Bezeichnend sind wie in Süßenborn die langen Sprosse. Die Verplattung der Stange ist nicht so ausgeprägt wie beim Fossil Mosb. 1955/481 (M.M.).

Beschreibung des Fossils Mosb. 1956/980 (M.M.), linker Abwurf.

Auch dieser Abwurf ist fast vollständig erhalten. Die Stange wurde von einem alten Bock geschoben („zurückgesetzte Stange“). Die Sprosse sind nicht mehr ausgebildet. Sie zeigt die typische Verplattung, besonders in den Distalpartien.

Maße der Spießgehörne, Abwürfe (in cm)

	Mosb.	Mosb.	Mosb.	Mosb.	Mosb.
Nummer des Fossils (Sammlung) . .	1956/577 (M. M.)	1953/339 (M. M.)	1955/267 (M. M.)	347 (M. D.)	1482 (M. F.)
Gesamtlänge . . .	12,1	7,5*	7,1*	6,7*	9,4*
Rosenumfang. . .	5,7	**	**	**	6,9
Größter Durchmesser der Rose . .	2,0	**	**	**	2,4
Umfang der Stange über der Rose .	4,6	5,3	4,2	4,7	4,8

* Bis zum Abbruch.
** Abgerollt bzw. abgebrochen.

B. Die Zähne

1. Unterkiefer

Beschreibung des Fossils Mosb. 1955/1142 (M.M., Tafelabb. 20 und Abb. 50), linkes Unterkieferbruchstück mit P_2—M_3.

P_2 sin. Der vollständig erhaltene, teilweise abgekaute Prämolar zeigt keine morphologischen Unterschiede im Vergleich zum gleichen Zahn rezenter Rehe.

P_3 sin. Die Vorderschlinge (= Kulisse) dieses Zahnes ist tief gegabelt, d. h. lingual findet sich vorn eine tiefe Vertikalfurche. Zwischen Vorderschlinge und folgender steht auf der Innenseite des Zahnes eine starke Basalsäule.

P_4 sin. Auch dieser Zahn zeigt keine morphologischen Unterschiede gegenüber rezenten.

M_1—M_3 sin. Die vollständig erhaltenen Molaren besitzen relativ starke Basalsäulen und Basalleisten.

Beschreibung des Fossils Mosb. 1956/176 (M.M., Abb. 51), rechtes Unterkieferbruchstück mit P_3—M_3.

P_3 dex. Dem nur teilweise erhaltenen Zahn fehlt — vergleichen wir ihn mit dem gleichen Zahn des Fossils Mosb. 1955/1142 (M.M.) — die tiefe Vertikalfurche der Vorderschlinge (lingual).

P_4 dex. Der vierte Prämolar zeigt keine morphologischen Unterschiede gegenüber rezenten Zähnen

M_1—M_3 dex. Die Molaren zeigen starke Basalsäulen aber relativ geringe Basalleisten.

Maße der Unterkieferreihen (in mm)

Mosb.	P_2—M_3	P_3—M_3	P_4—M_3	M_1—M_3	M_2—M_3	P_2—P_4
1955/1142 (M. M.)	74,1	66,9	55,6	43,1	31,2	29,6
1956/176 (M. M.)		ca. 64,5	52,8	41,2	29,4	
1953/501 (M. M.)				44,9	33,2	
336 (M. D.)			52,2	41,4	30,7	
375 (M. W.)			58,8	46,8	34,3	
376 (M. W.)				42,3	30,7	

Höhe einiger Unterkieferäste (in mm), jeweils hinter dem hinteren Prisma gemessen (Abb. 55)

Mosb.	bei M_1	bei M_2	bei M_3
1955/1142 (M. M.)	23,0	25,1	27,2
1953/501 (M. M.)	23,8	23,5	24,4
1956/176 (M. M.)	24,0	23,8	
1956/895 (M. M.)	ca. 22,5		
1955/357 (M. M.)		26,0	26,1
339 (M. D.)	23,2	24,2	25,9

Breite einiger Unterkieferäste (in mm), jeweils hinter dem hinteren Prisma gemessen (Abb. 55)

Mosb.	bei M_1	bei M_2	bei M_3
1955/1142 (M. M.)	13,1	13,2	13,4
1953/501 (M. M.)	11,8	12,5	13,0
1956/176 (M. M.)	12,2	13,4	
1955/357 (M. M.)		12,1	
1956/895 (M. M.)	11,2		
339 (M. D.)	12,3	12,5	12,1

Die Prämolaren des Unterkiefers

Minimal- und Maximalwerte (Durchschnittswerte) in mm, isoliert gefundene Zähne eingeschlossen

	P_2	P_3	P_4
Länge	6,1 (n = 5) 6,9 (6,45)	9,1 (n = 8) 11,4 (9,93)	10,1 (n = 5) 11,4 (10,71)
Größte Breite	4,1 (n = 5) 4,5 (4,30)	5,6 (n = 7) 6,4 (5,92)	5,8 (n = 4) 7,9 (6,90)

Die Molaren des Unterkiefers

Minimal- und Maximalwerte (Durchschnittswerte) in mm, isoliert gefundene Zähne eingeschlossen

	M_1	M_2	M_3
Länge	10,4 (n = 11) 12,0 (11,09)	11,6 (n = 15) 13,9 (12,76)	16,4 (n = 14) 19,6 (17,04)
Breite des Vorderprismas	6,8 (n = 11) 8,8 (7,80)	8,4 (n = 15) 10,7 (8,99)	8,0 (n = 14) 9,3 (8,72)
Breite des Hinterprismas	6,9 (n = 10) 9,7 (8,39)	8,5 (n = 15) 10,9 (9,46)	7,6 (n = 15) 9,2 (8,40)

Maße der Unterkieferreihe mit Milchgebiß Mosb. 1956/751 (M. M., Tafelabb. 19 u. Abb. 54) in mm

D_2–D_4	D_3–D_4	(D_2–M_1)
30,5	23,6	(43,5)

Höhe einiger Unterkiefer mit Milchgebiß (in mm), hinter dem hinteren Prisma gemessen

Mosb.	bei D_2	bei D_3	bei D_4
1956/751 (M. M.)	16,5	17,9	18,4
12 (M. D.)	16,3	18,4	20,0

Breite der Unterkiefer mit Milchgebiß (in mm), jeweils hinter dem hinteren Prisma gemessen

Mosb.	bei D_2	bei D_3	bei D_4
1956/751 (M. M.)	8,0	9,6	11,7
12 (M. D.)	9,2	10,8	11,4

Die Milchzähne des Unterkiefers

Minimal- und Maximalwerte (Durchschnittswerte) in mm

	D_2	D_3	D_4
Länge	5,5 (n = 1)	8,8 (n = 4) 10,3 (9,63)	13,2 (n = 2) 14,6
Größte Breite	3,1 (n = 1)	5,2 (n = 3) 5,5 (5,23)	7,1 (n = 2) 7,6

2. Oberkiefer

Mehr oder weniger vollständige Oberkieferreihen liegen in den genannten Sammlungen nicht vor. Die Oberkieferbezahnung ist nur durch wenige isolierte, zum großen Teil beschädigte Einzelzähne vertreten (Abb. 56—58).

LITERATUR

Geologie und Biostratonomie (Altpleistozän von Mosbach, Biebrich-Wiesbaden und engeres Rhein-Main-gebiet. Nur die zitierten bzw. wichtigeren Schriften neueren Datums berücksichtigt. Nachweis älteren Schrifttums in den angeführten Arbeiten).

Geologische Aufnahme (Blatt Wiesbaden):

KOCH, C., Erläuterungen zur geologischen Spezialkarte von Preußen und den thüringischen Staaten. Blatt Wiesbaden. Berlin 1880.

LEPPLA, A. und STEUER. A., Erläuterungen zur geologischen Karte von Preußen und benachbarten Bundesstaaten. Blatt Wiesbaden-Kastel. Berlin 1923.

ADAM, K. D., Die altpleistozänen Säugetierfaunen Südwestdeutschlands. — Neues Jahrb. Geol. Paläontol., Mh. Stuttgart 1952.

—, Die Bedeutung der altpleistozänen Säugetierfaunen Südwestdeutschlands für die Gliederung des Eiszeitalters. — Geolog. Bavar. 19, München 1953.

BARTZ, J., Das Jungpliozän im nördlichen Rheinhessen. — Notizbl. Hess. Land.-Amt für Bodenforsch. 1, Wiesbaden 1950.

BEHLEN, H., Glazialgeschrammte Steine in den Mosbacher Sanden. — Jahrb. Nassau. Ver. f. Naturk. Wiesbaden. Wiesbaden 1904.

HELLER, F., Eine oberpliozäne Wirbeltierfauna aus Rheinhessen. — Neues Jahrb. Min. usw., Beil.-Bd. 76 B. 1936.

—, *Ursus (Plionarctos) stehlini* KRETZOI, der kleine Bär aus den altdiluvialen Sanden von Mauer-Bammental und Mainz-Wiesbaden. — S.-B. Heidelb. Akad. Wiss., math. naturw. Kl. 1949. Heidelberg 1949.

RUTTE, E., Zur Geologie von Unterfranken. Hierzu drei Exkursionen. — Zeitschr. Deutsch. Geol. Ges. 108, Hannover 1956.

—, Einführung in die Geologie von Unterfranken. Würzburg 1957.

—, Die Fundstelle altpleistozäner Säugetiere von Randersacker bei Würzburg. — Geol. Jahrb. Band 73. Hannover 1958.

SCHMIDTGEN, O., und andere, Bericht über die Begehung vor, während und nach der Hauptversammlung in Mainz. — Zeitschr. Deutsch. Geol. Gesellsch. 83, H. 9. 1931.

SCHWEGLER, E., Das Diluvium von Jockgrim in der Rheinpfalz und seine Stellung innerhalb des oberrheinischen Diluviums. — Schriften Geol.-Paläontolog. Inst. Univ. Kiel 3, 1935.

SOERGEL, W., Die Säugetierfauna des altdiluvialen Tonlagers von Jockgrim in der Pfalz. — Zeitschr. Deutsch. Geol. Geslisch., Abh. 77, Berlin 1925.

—, Die geologische Entwicklung der Neckarschlinge von Mauer. Ein Exkursionsbericht. — Paläont. Zeitschr. 15, Berlin 1933.

—, Der Klimacharakter des Mammuts. — Paläont. Zeitschr. 22, Berlin 1940.

—, Die Verbreitung des diluvialen Moschusochsen in Mitteleuropa. — Beitr. Geol. Thür. 7, Jena 1944.

UDLUFT, H., Zur Gliederung des Pleistozäns in Niederhessen. — Notizbl. Hess. Land.-Amt Bodenforsch. 85. Wiesbaden 1957.

WAGNER, W., Das Mainzer Becken. Eine Zusammenstellung unter besonderer Berücksichtigung der Rheintaltektonik. — Jahresber. und Mitt. oberrh. geol. Ver. 27. Stuttgart 1938.

—, Die Diluvialaufschlüsse von Achenheim-Hangenbieten bei Straßburg. — Oberrhein. geol. Abh. 11. Karlsruhe 1940.

—, Diluviale Tektonik im Senkungsbereich des nördlichen Rheintalgrabens und an seinen Rändern. — Notizbl. Hess. Land.-Amt Bodenforsch. 6, 1. Wiesbaden 1950.

WEILER, W., Pliozän und Diluvium im südlichen Rheinhessen. I. Teil: Das Pliozän und seine organischen Einschlüsse. — Notizbl. Hess. Land.-Amt f. Bodenforsch. 3. Wiesbaden 1952.

—, Pliozän und Diluvium im südlichen Rheinhessen. II. Teil: Diluvium. — Notizbl. Hess. Land.-Amt f. Bodenforschung 81. Wiesbaden 1953.

WITTMANN, O., Die Phasengliederung der diluvialen Rheintaltektonik und die Stratigraphie des gebirgsrandnahen oberrheinischen Diluviums. — Bad. geol. Abh., 10. Karlsruhe 1939.

WURM, A., Beiträge zur Flußgeschichte des Mains und zur diluvialen Tektonik des Maingebietes. — Geol. Bavar. 25, München 1955.

ZEUNER, F. E., A Comparison of the Pleistocene of East Anglia with that of Germany. — Proc. prehist. Soc., N. S. 3, London 1937.

Paläontologie (Cerviden, Mosbach. Umfangreichere Literaturzusammenstellungen vgl. AZZAROLI 1953 und KAHLKE 1958).

ANDREAE, A., Der Diluvialsand von Hangenbieten. — Abhandl. zur geol. Spezialkarte von Elsaß-Lothringen IV, 2. Straßburg 1888.

AZZAROLI, A., Revisione della fauna dei terreni fluvio-lacustri del Valdarno Superiore. 3, I cervi fossili della Toscana con particolare riguardo alle specie Villafranchiane. — Palaeontogr. Ital. 43, Pisa 1948.

—, The Deer of the Weybourn Crag and Forest Bed of Norfolk. — Bull. Brit. Mus. (Nat. Hist.), Geology, Vol. 2, No. 1, London 1953.

BACHOFEN-ECHT, A., Die Stellung der Mosbacher Geweihe von *Cervus elaphus* in der Entwicklungsreihe dieses Hirsches. — Notizbl. Ver. Erdk. u. Hess. Geol. Landesanst. 5, H. 12, Darmstadt 1930.

—, Das Vorkommen von *Capreolus* im Pleistozän Württembergs. — Paläontolog. Zeitschr. 13, 1931.

—, Beobachtungen über die Variationsbreite von *Capreolus capreolus*. — Zeitschr. f. Säugetierk. 8, H. 4, 1933.

—, Die fossilen Geweihe von *Cervus elaphus* und ihre Beziehungen zu den lebenden Formen. — Paläontolog. Zeitschr. 21, 1939.

—, Die Geweihe von *Cervus elaphus* aus Hundsheim a. d. Donau nebst Bemerkungen über Geweihbildungen. — Palaeobiologica 7, 1941.

BENINDE, J., Zur Naturgeschichte des Rothirsches. — Monographien d. Wildsäugetiere 4, Leipzig 1937 a.

—, Über die Edelhirschformen von Mosbach, Mauer und Steinheim a. d. Murr. — Paläontolog. Zeitschr. 19. 1937 b.

—, Der Merkmalswert des Hirschgeweihes für die paläontologische Systematik der Gattung *Cervus*. — Paläontolog. Zeitschr. 19, 1937 c.

—, Das Rotwild. — (in Waidwerk der Welt, — Berlin 1938). S. 151—169.

—, Die Krone des Rothirsches. — Zeitschr. Säugetierk. 15, Berlin 1940.

BISMARCK, W., Diluviale Beckenablagerungen im nordwestlichen Eichsfeld. — Diss. Jena (Maschinenschrift), 1942.

DAWKINS, W. B., The British Pleistocene Mammalia. Part. VI — Brit. Pleist. Cervidae. — Palaeontogr. Soc. London (Vol. for 1886), 1887.

DIETRICH, W. O., Zur Kenntnis der oberpliozänen echten Hirsche. — Zeitschr. Deutsch. Geol. Ges. 90, H. 5, 1938.

—, Besprechung v. SOERGEL, W., Rentiere des deutschen Alt- und Mitteldiluviums (Paläont. Zeitschr. 22, 1942) in: Neues Jahrb. Min. usw. Referate III. 1942.

FREUDENBERG, W., Das Diluvialprofil von Jockgrim in der Pfalz. — Ber. ü. d. Vers. Oberrhein. geol. Vereins, 42. Versammlung 1909.

—, Beiträge zur Gliederung des Quartärs von Weinheim a. d. B., Mauer b. Heidelberg, Jockgrim u. a. m. und seine Bedeutung für den Bau der Oberrhein. Tiefebene. — Notizbl. Ver. Erdk. usw. Darmstadt 1911.

—, Die Säugetiere des älteren Quartärs von Mitteleuropa mit besonderer Berücksichtigung der Fauna von Hundsheim und Deutschaltenburg in Niederösterreich etc. — Geol. und Paläont. Abhandl. N. F. 12, H. 4—5, Jena 1914.

HAUPT, O., Rothirsche aus dem Diluvium und Alluvium des Oberrheintales in Hessen. — Notizb. Ver. Erdk. u. Hess. geol. Landesanst. 5, F. 19, 1938.

KAHLKE, H.-D., Die Cervidenreste aus den altpleistozänen Ilmkiesen von Süßenborn bei Weimar. Teil I. Die Geweihe und Gehörne. Teil II. Schädel und Gebisse. Berlin 1956. Teil III. Die postkranialen Skelettreste. Berlin 1959.

—, Die Cervidenreste aus den altpleistozänen Tonen von Voigtstedt bei Sangerhausen. — Abhandl. Deutsch. Akad. Wiss. (Klasse für Chemie, Geologie und Biologie Jahrg. 1956, Nr. 9), Berlin 1958.

KAUP, J. J., Eine zweite fossile Art der Hirsch-Gattung aus dem Rheine, *Cervus priscus*. — Neues Jahrb. Min. usw., S. 297, 1839.

KHOMENKO, J., La faune méotique du village de Taraklia du district de Bendéry. — Ann. géol. min. de la Russie 15, 1914.

KINKELIN, F., Der Pliozänsee des Rhein- und Mainthales und die ehemaligen Mainläufe. — Ber. d. Senckenb. naturf. Gesellsch. in Frankfurt a. M. 1889.

—, Die Tertiär- und Diluvialbildungen des Untermainthales, der Wetterau und des Südabhanges des Taunus. — Abhandl. zur geol. Spezialkarte v. Preußen und den thüringischen Staaten. Bd. 9, 4, 1892.

—, Kleine Notizen aus der geologisch-paläontologischen Sektion. — Ber. d. Senckenb. naturf. Gesellsch. in Frankfurt a. M. 1898.

—, Einige seltene Fossilien des Senckenbergischen Museums. — Abhandl. d. Senckenb. naturf. Gesellsch. 20, 1, 1903.

KIRCHNER, H., Mainfränkische Riesenhirschreste nebst Untersuchungen über Rassenunterschiede, Geweihform, Bedeutung der Gefäßrillen bei Riesenhirschen. — Paläontolog. Zeitschr. 18, 1936.

KLEINSCHMIDT, O., Der fossile Hirsch von Mauer. — Falco 33. Leizpig 1937.

—, Was ist *Cervus benindei*? — Falco 33, Leipzig 1937 a.

KUNST, C. E., Die niederländischen pleistocaenen Hirsche. Diss. Leiden. 1937.

KUSS, S. E., Altpleistozäne Reste des *Hippopotamus antiquus* DESMAREST vom Oberrhein. — Jh. geol. Landesamt Baden-Württemberg 2, 299—331, 1957. Freiburg i. Br.

LEHMANN, E. v., Zur Homologie der unteren Geweihsprossen. Zeitschrift f. Säugetierkunde 24, 54—67, 1959.

LEHMANN, U., Eine Villafranchiano-Fauna von der Erpfinger-Höhle (Schwäbische Alb). — Neues Jahrb. Geol. Paläontolog. Mh., 437—464, Stuttgart 1953.

—, Weitere Fossilfunde aus dem ältesten Pleistozän der Erpfinger Höhle (Schwäbische Alb). — Mitt. Geol. Staatsinst. Hamburg, Heft 26. S. 60. Hamburg 1957.

LÜTTIG, G. und REIN, U., Das Cromer-(Günz/Mindel-)Interglazial von Bilshausen (Unter-Eichsfeld). — Geol. Jahrb. Bd. 70, S. 159—166. Hannover 1954.

LYDEKKER, R., Catalogue of the Fossil Mammalia in the British Museum (Nat. Hist.). London 1885.

OBERGFELL, F. A., Vergleichende Untersuchungen an Dentitionen und Dentale altburdigaler Cerviden von Wintershof-West in Bayern und rezenter Cerviden. — Palaeontographica Bd. 109, Abh. A. Stuttgart 1957.

POHLIG, H., Die Cerviden des thüringischen Diluvialtravertins. — Palaeontographica 39, 1892.

—, Über zwei neue altpleistozäne Formen von *Cervus*. — Zeitschr. Deutsch. Geol. Gesellsch. 61, 1909. Monatsber.

RAKOVEC, I., *Libralces aff. gallicus* AZZAROLI z viskega Brda pri Ljubljani. Razprave Slov. Akad. Wiss. u. Künste, Naturwiss. Kl., Ljubljana 1954.

REICHENAU, W. v., Notizen aus dem Museum zu Mainz. — N. Jb. Min. etc. 1900.

—, Beiträge zur näheren Kenntnis der Carnivoren aus den Sanden von Mauer und Mosbach. — Abhandl. Großherz. Hess. Geol. Landesanst. Darmstadt. 4, H. 2, 1906.

SCHMIDTGEN, O., Abnorme Geweihe aus den Mosbacher Sanden. — Palaeobiologica 6, 1938.

—, Die Jagd der Vorzeit. — (in Waidwerk der Welt, Berlin 1938). S. 139—142, 1938a.

SOERGEL, W., *Cervus megaceros mosbachensis* n. sp. und die Stammesgeschichte der Riesenhirsche. — Abh. Senckenb. naturf. Ges. 39, 1927.

—, Das Abwurfstangenfragment eines Riesenhirsches aus den Mosbacher Sanden. — Jahresb. u. Mitt. Oberrhein. geol. Ver. 1927 a.

—, Rentiere des deutschen Alt- und Mitteldiluviums. — Paläontolog. Zeitschr. 22, 1940.

STEHLIN, H. G., Paléontologie des couches paléolithiques. In DUBOIS, A. & STEHLIN, H. G., La grotte de Cotencher, station moustérienne. — Abhandl. schweiz. paläont. Ges. Zürich 52/53, 1932/33.

THIES, O., Beiträge zur Kenntnis der Heppenlochfauna und der Fauna der Frankenbacher Sande. — Jahrb. preuß. Geol. Landesanst. 46, 1926.

TOBIEN, H., *Cuon* HODG. und *Gulo* FRISCH (*Carnivora, Mammalia*) aus den altpleistozänen Sanden von Mosbach bei Wiesbaden. Acta Zoolog. Cracoviensia 2, 18, 433—445. 1957 (Festschrift Prof. Dr. J. STACH). Krakau.

VIRET, J., Le loess à bancs durcis de Saint-Vallier (Drôme) et sa faune de mammifères villafranchiens. — Nouv. Arch. Mus. Hist. Nat. 4, 1. Lyon 1954.

WURM, A., Über einen Cervidenrest aus den Sanden von Mauer bei Heidelberg. — Jahrb. u. Mitt. Oberrhein. geol. Ver., N. F., 3, H. 1, 1913.

WÜST, E., Untersuchungen über das Pliozän und das älteste Pleistozän Thüringens nördlich vom Thüringer Walde und westlich von der Saale. — Abh. Naturf. Gesellsch. Halle 23, 1900.

YOUNG, C. C., On the Artiodactyla from the Sinanthropus Site at Chouk'outien. — Palaeontolog. Sinica 8, 1932.

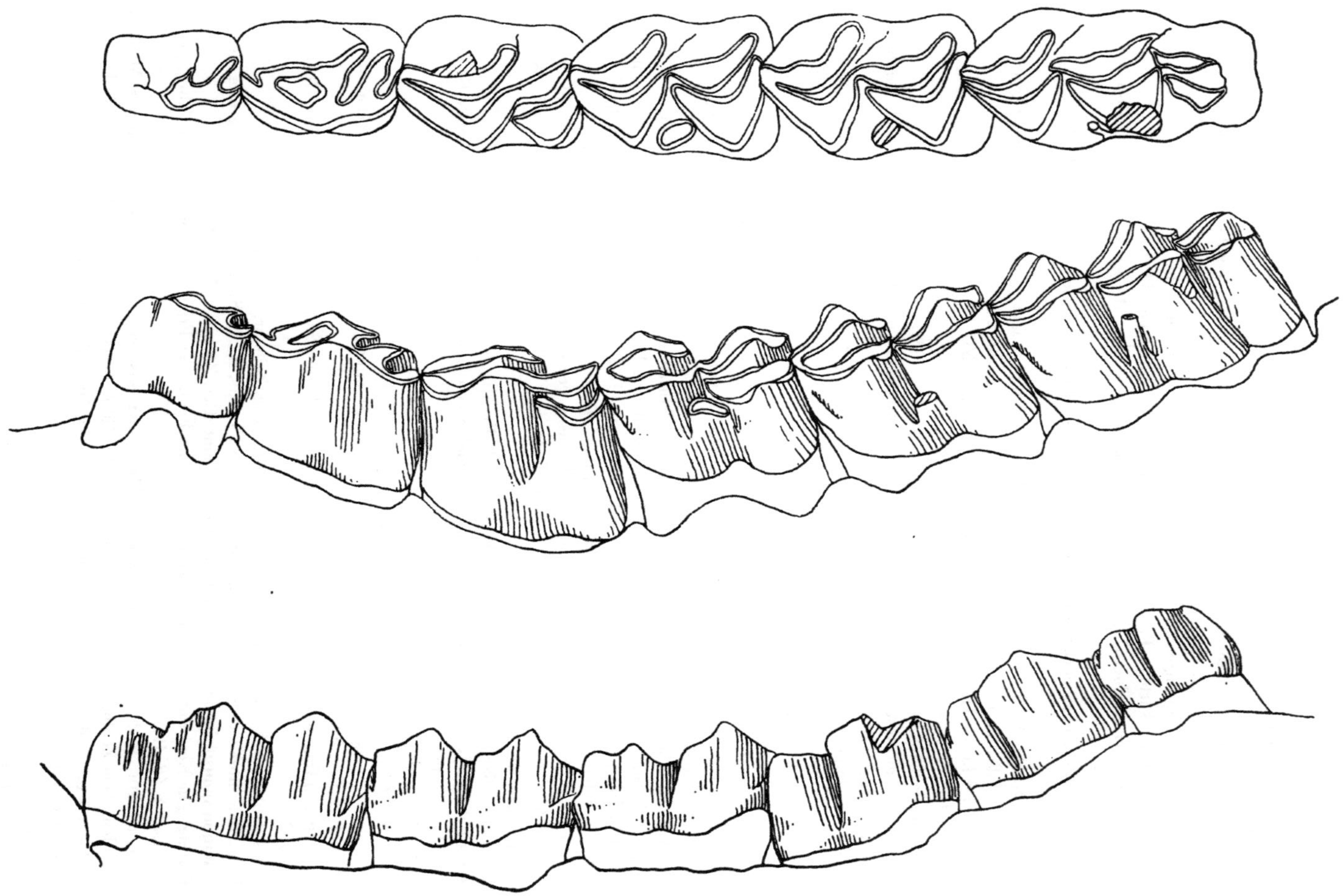

Abb. 1. *Alces latifrons* (JOHNS.) — (Mosb. 1954/670, M.M.), linkes Unterkieferbruchstück mit P_2—M_3, etwa nat. Gr.

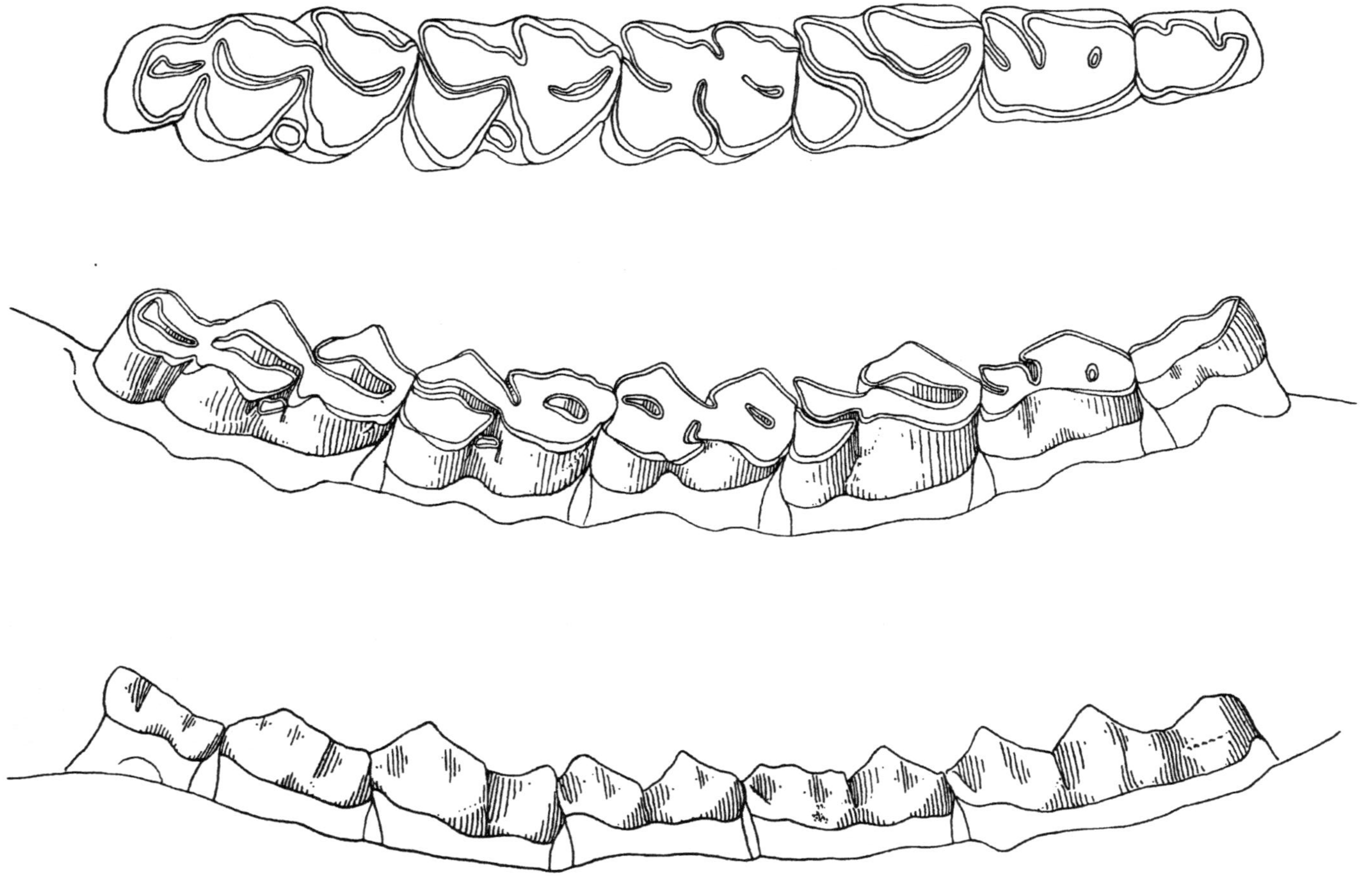

Abb. 2. *Alces latifrons* (JOHNS.) — (Mosb. 1956/861, M.M.), rechtes Unterkieferbruchstück mit P_2—M_3, etwa nat. Gr.

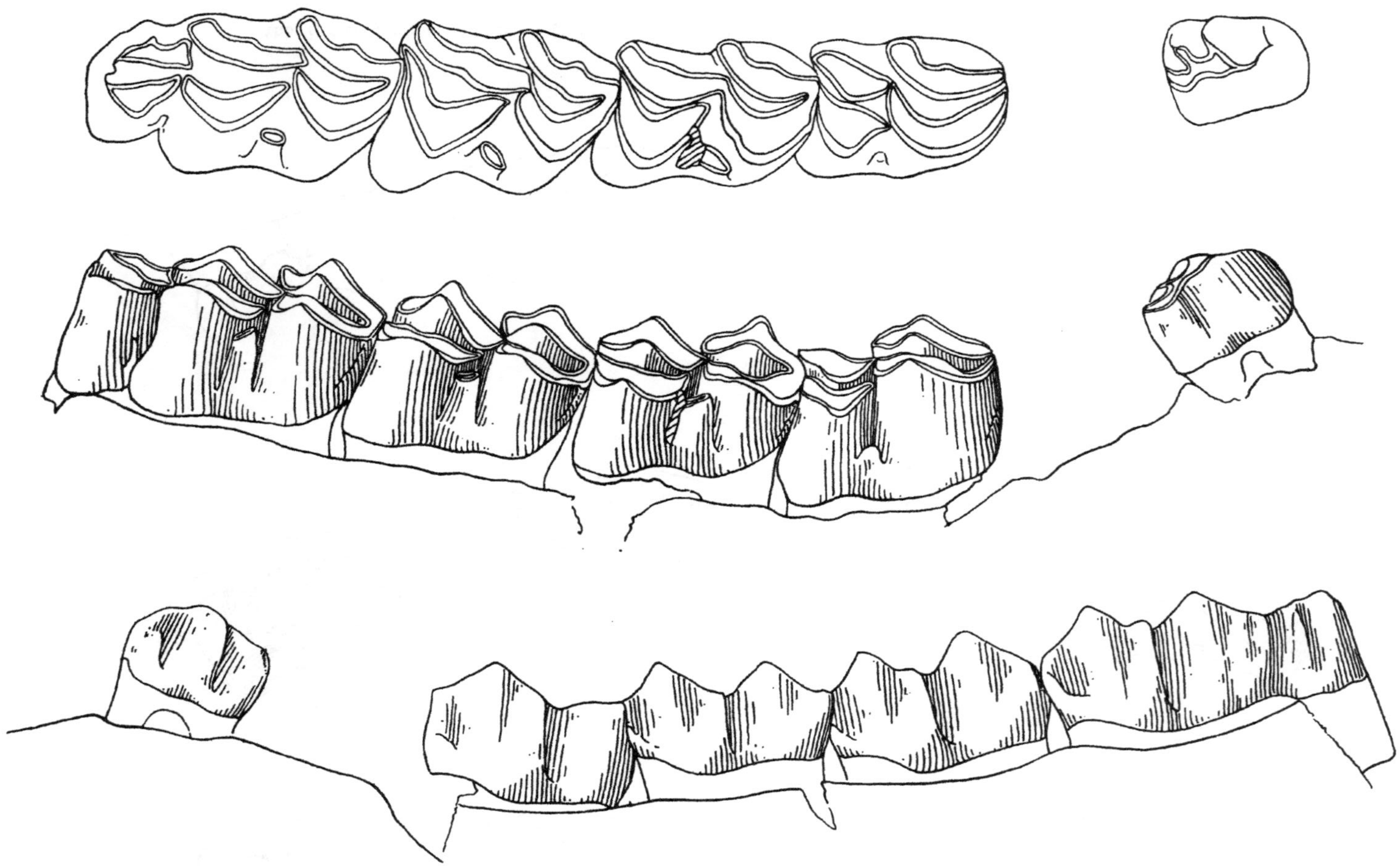

Abb. 3. *Alces latifrons* (JOHNS.) — (Mosb. 1957/12, M.M.), rechtes Unterkieferbruchstück mit P_2, P_4 und M_{1-3}, etwa nat. Gr.

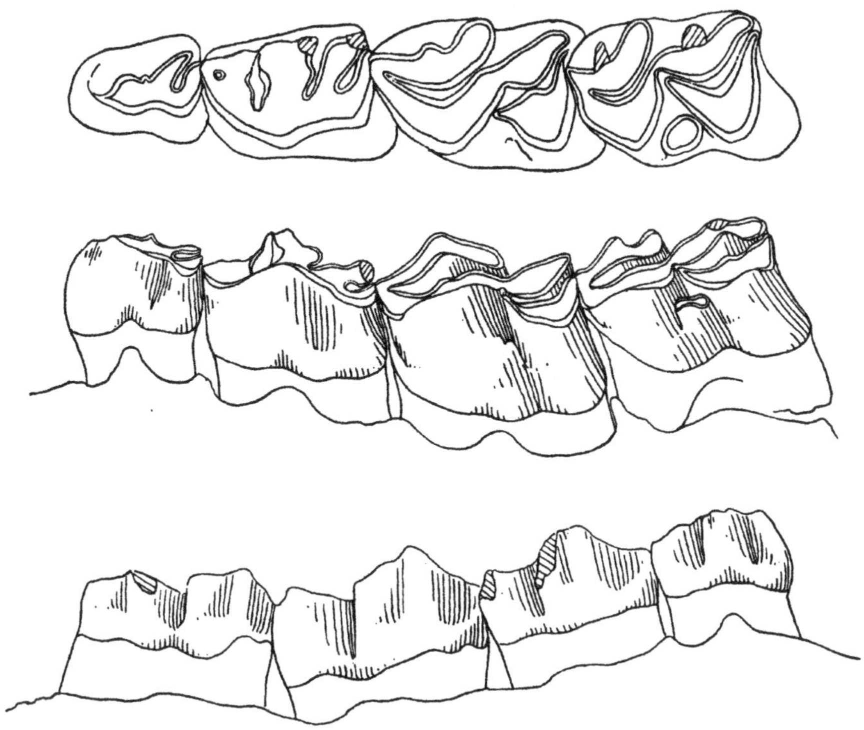

Abb. 4. *Alces latifrons* (JOHNS.) — (Mosb. 151, M.W.), linkes Unterkieferbruchstück mit P_2—M_1, etwa nat. Gr.

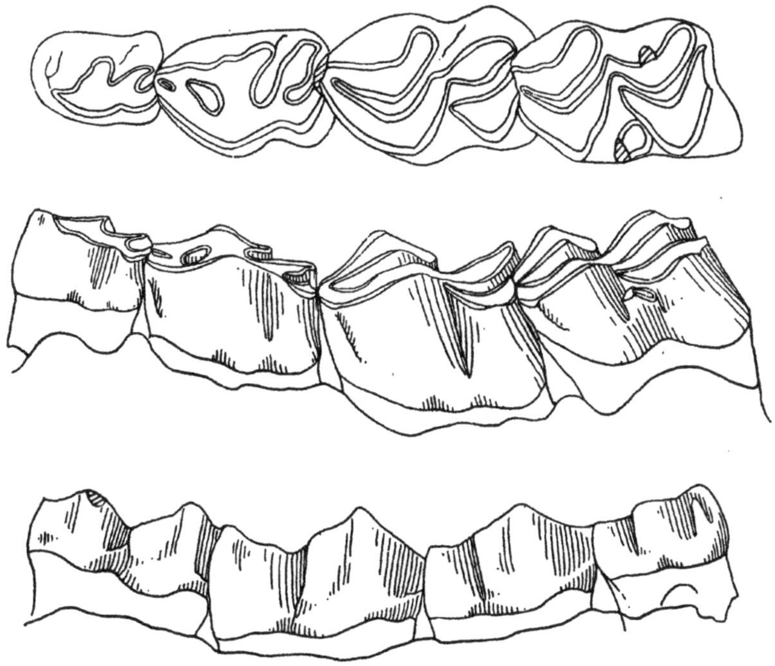

Abb. 5. *Alces latifrons* (JOHNS.) — (Mosb. 149, M.W.), linkes Unterkieferbruchstück mit P_2—M_1, etwa nat. Gr.

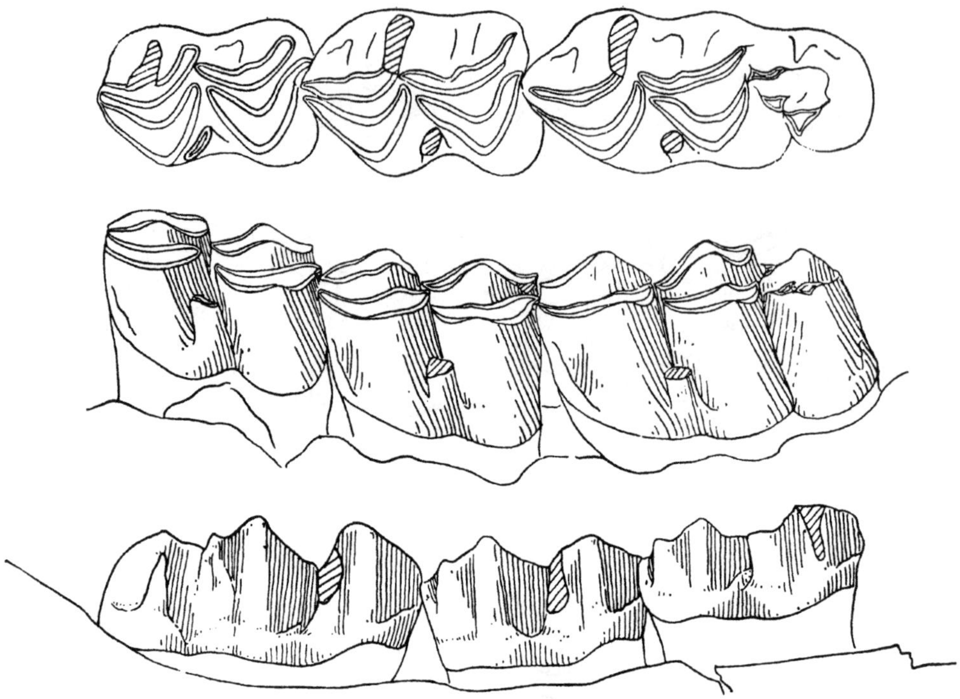

Abb. 6. *Alces latifrons* (JOHNS.) — (Mosb. 1956/459, M.M.), linkes Unterkieferbruchstück mit M_{1-3}, etwa nat. Gr.

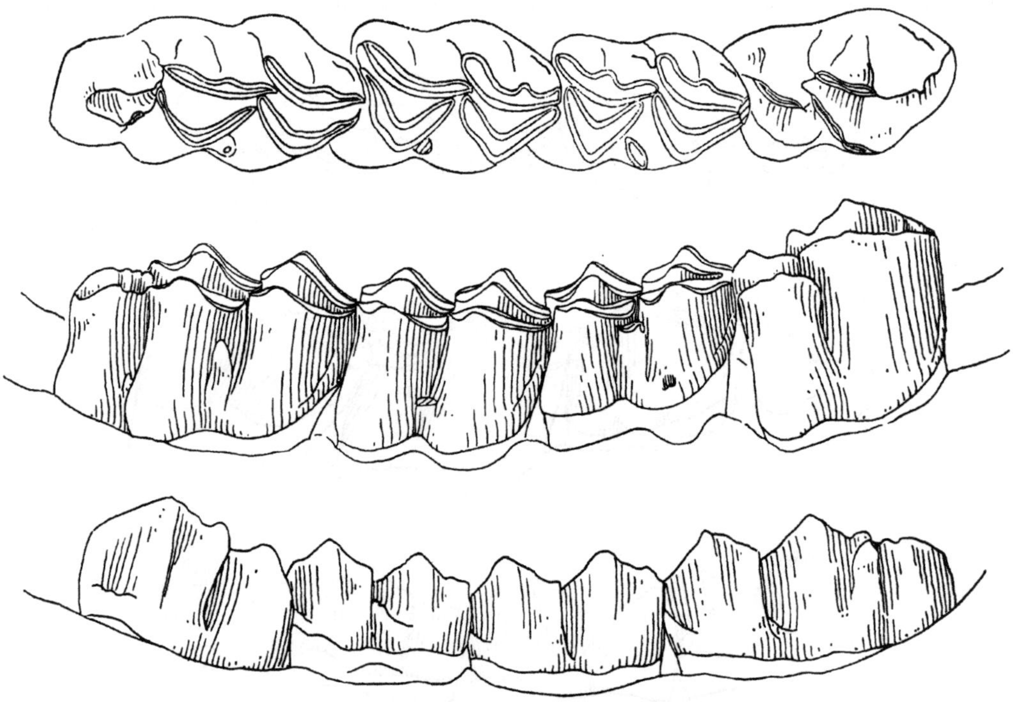

Abb. 7. *Alces latifrons* (JOHNS.) — (Mosb. 1956/43, M.M.), rechtes Unterkieferbruchstück mit P_4 und M_{1-3}, etwa nat. Gr.

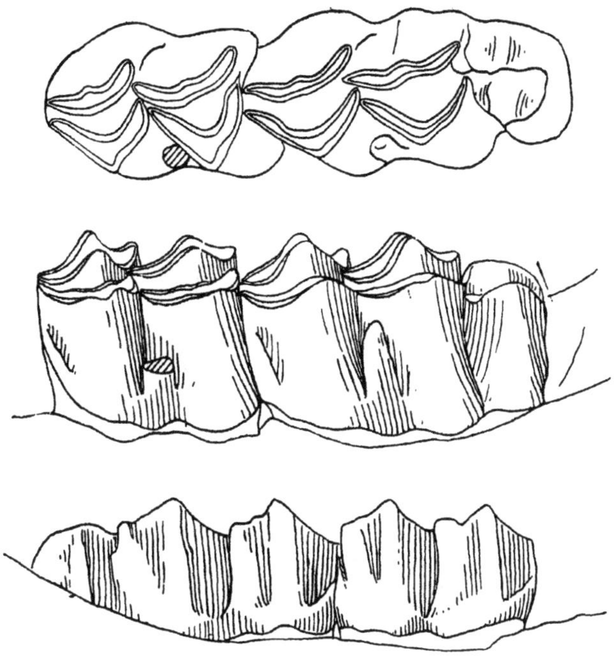

Abb. 8. *Alces latifrons* (JOHNS.) — (Mosb. 146, M.W.), linkes Unterkieferbruchstück mit M_{2-3}, etwa nat. Gr.

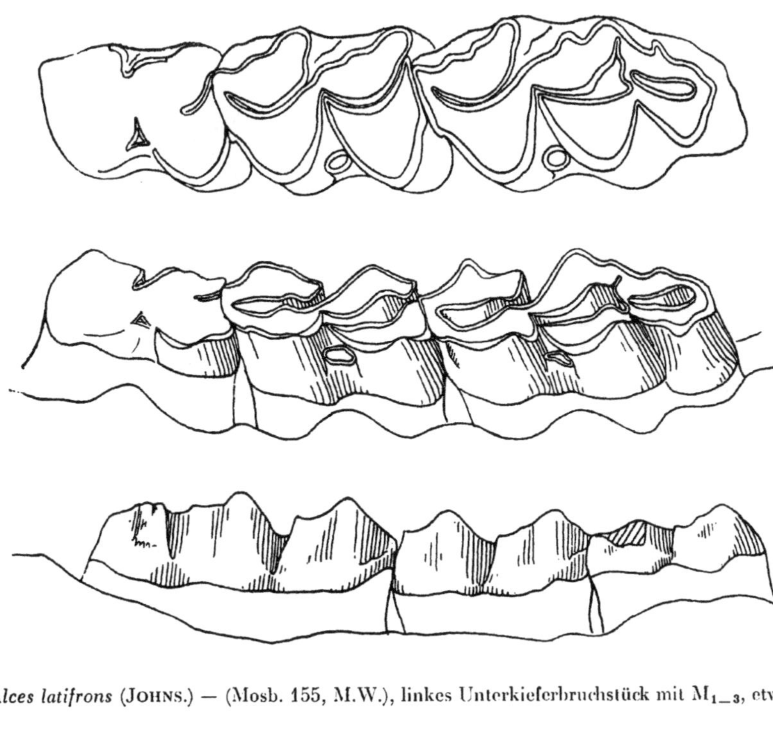

Abb. 9. *Alces latifrons* (JOHNS.) — (Mosb. 155, M.W.), linkes Unterkieferbruchstück mit M_{1-3}, etwa nat. Gr.

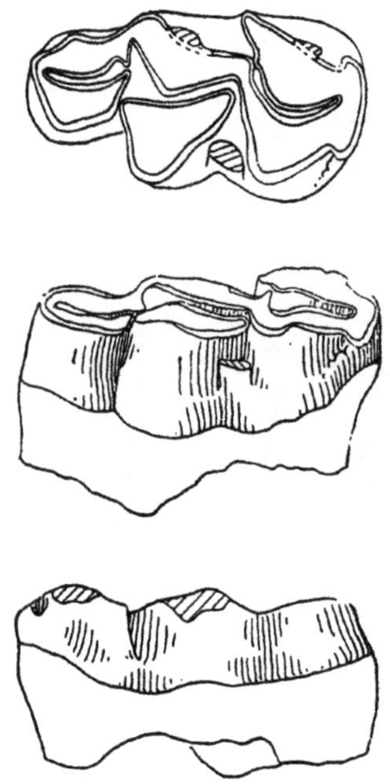

Abb. 10. *Alces latifrons* (JOHNS.) — (Mosb. 1957/113, M.M.), M_3 dex., etwa nat. Gr.

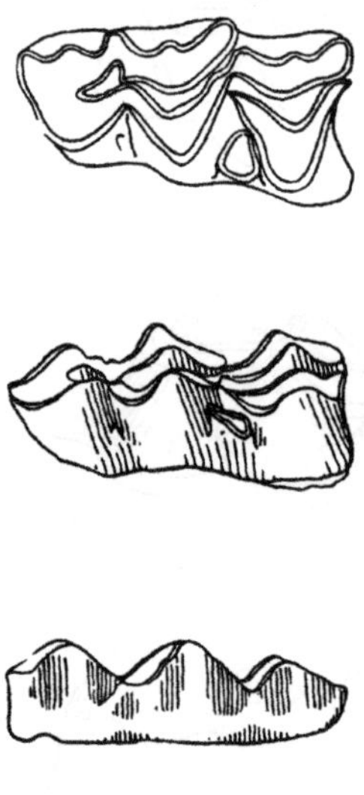

Abb. 11. *Alces latifrons* (JOHNS.) — (Mosb. 1955/449, M.M.), D_4 sin., etwa nat. Gr.

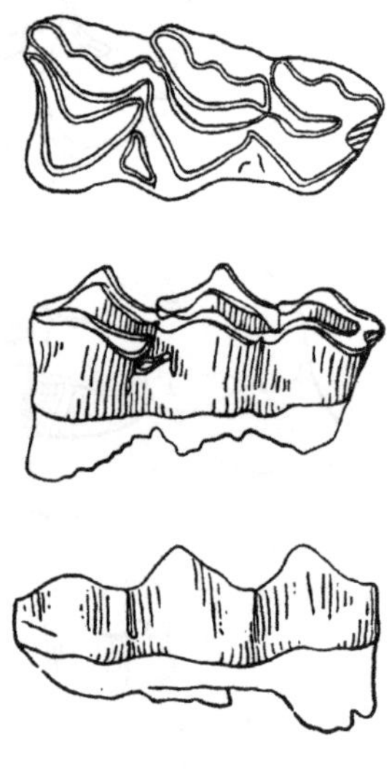

Abb. 12. *Alces latifrons* (JOHNS.) — (Mosb. 1950/365, M.M.), D_4 dex., etwa nat. Gr.

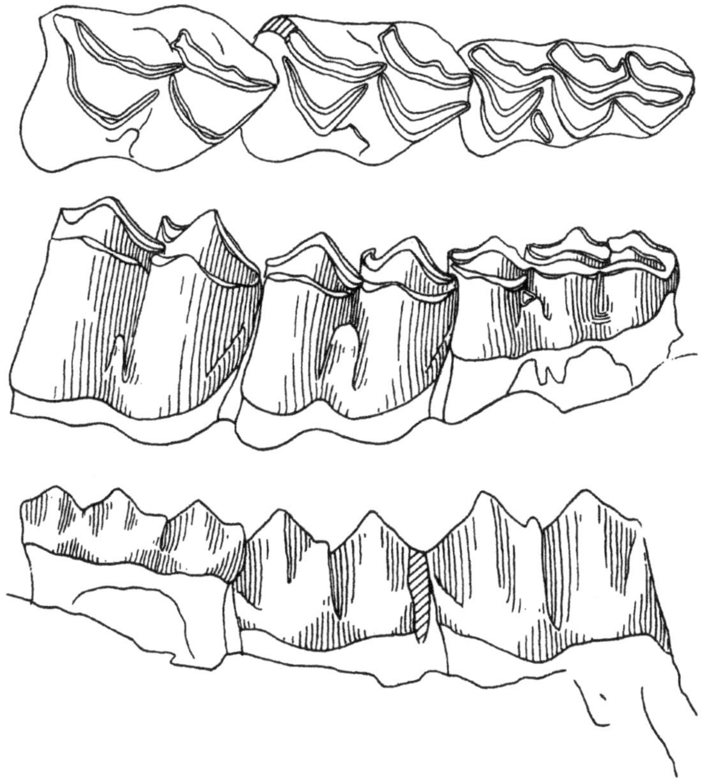

Abb. 13. *Alces latifrons* (JOHNS.) — (Mosb. 158, M.W.), rechtes Unterkieferbruchstück mit D_4 und M_{1-2}, etwa nat. Gr.

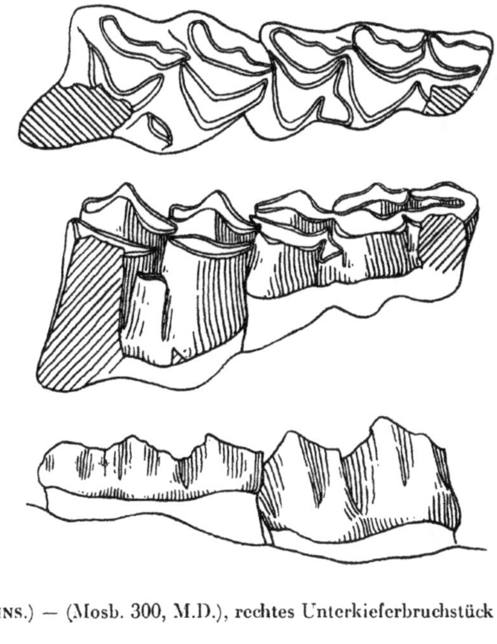

Abb. 14. *Alces latifrons* (JOHNS.) — (Mosb. 300, M.D.), rechtes Unterkieferbruchstück mit D_4 und M_1, etwa nat. Gr.

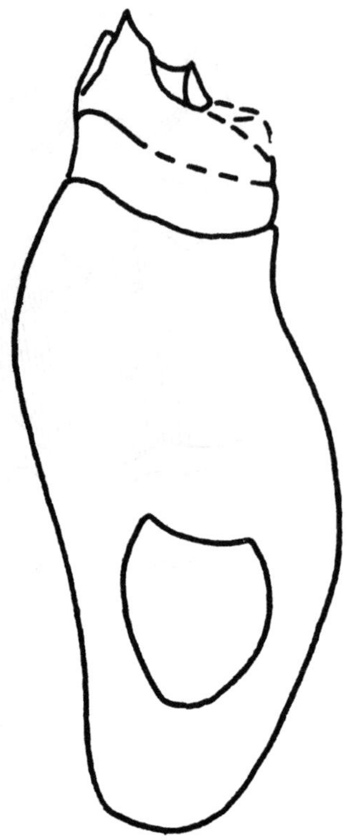

Abb. 15 a. *Alces latifrons* (JOHNS.) — (Mosb. 17.8./03, M.W.), linkes Unterkieferbruchstück eines alten Individuums von vorn. Der Unterkieferquerschnitt liegt zwischen M_2 und M_3, etwa nat. Gr.

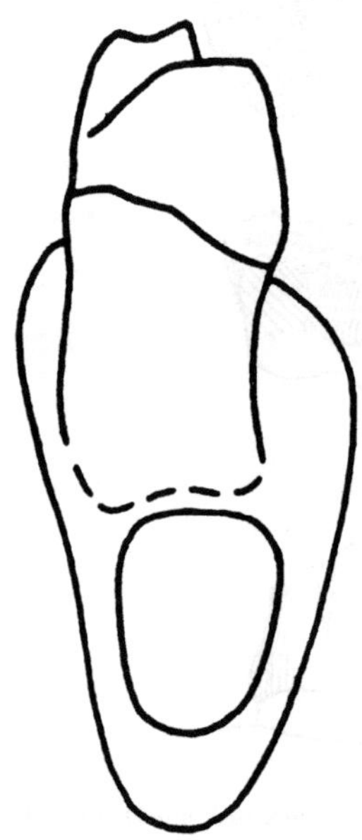

Abb. 15 b. *Alces latifrons* (JOHNS.) — (Mosb. 158, M.W.), rechtes Unterkieferbruchstück eines jungen Individuums von hinten. Der Unterkieferquerschnitt liegt hinter M_2, etwa nat. Gr.

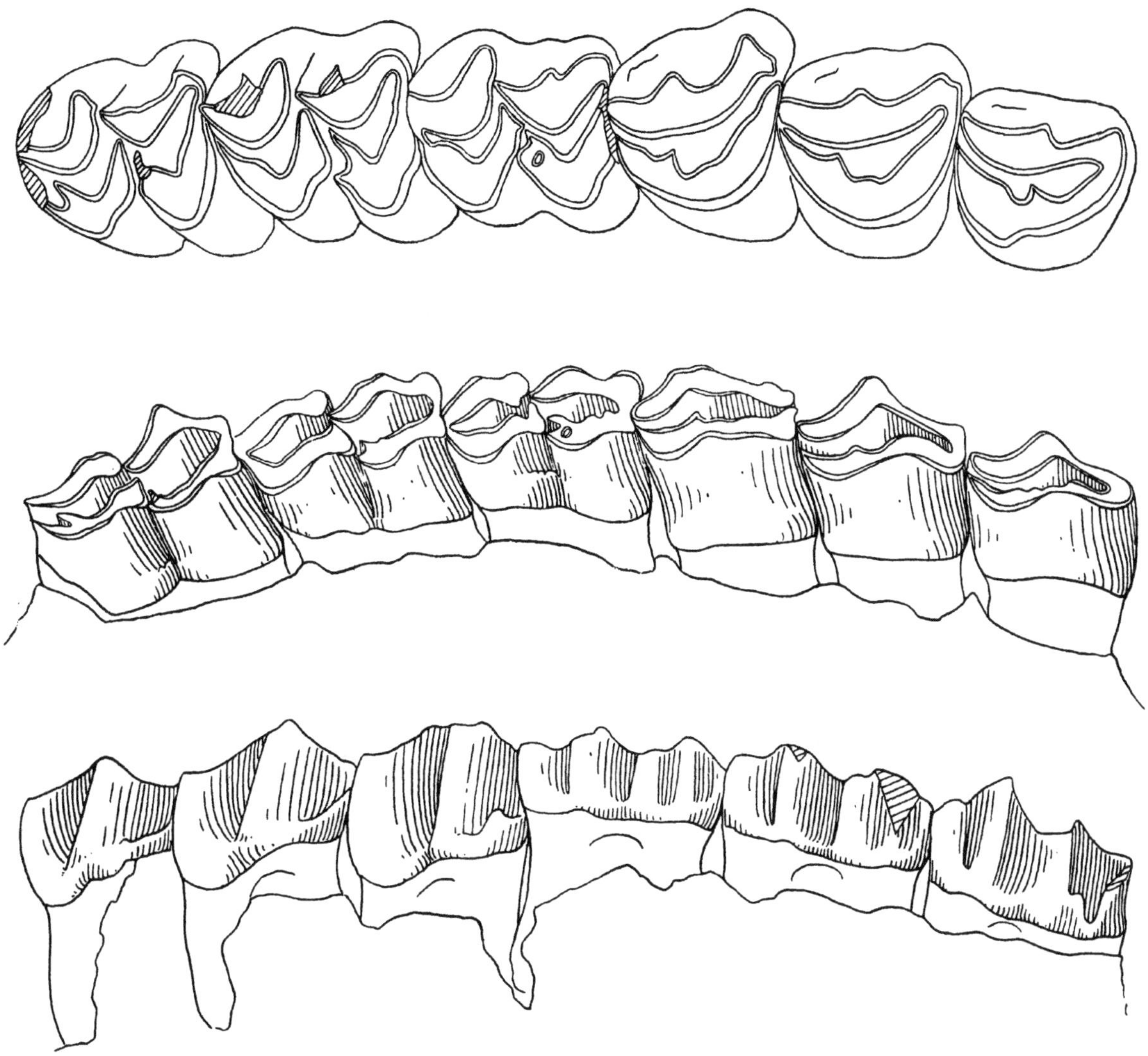

Abb. 16. *Alces latifrons* (JOHNS.) — (Mosb. 1955/278, M.M.), rechtes Oberkieferbruchstück mit P^2—M^3, etwa nat. Gr.

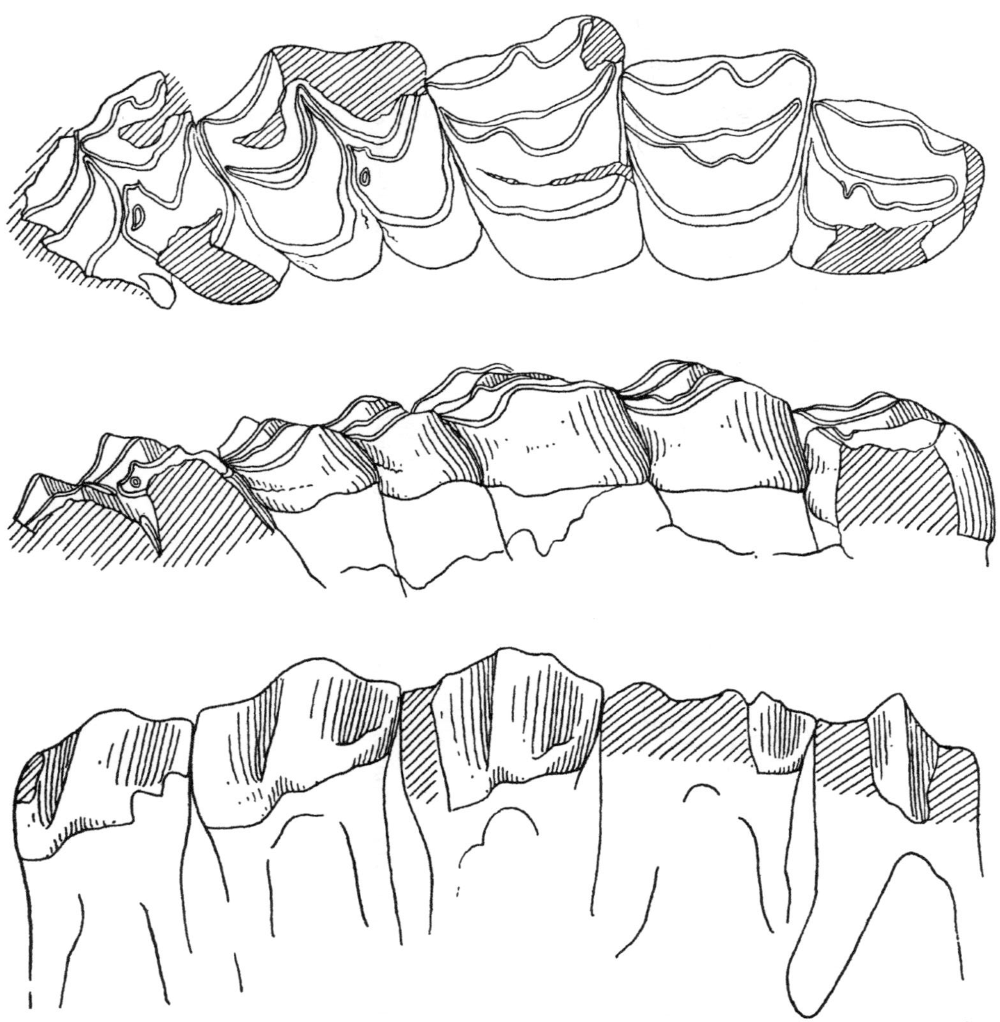

Abb. 17. *Alces latifrons* (JOHNS.) — (Mosb. 160, M.W.), rechtes Oberkieferbruchstück mit P^2—M^2, etwa nat. Gr.

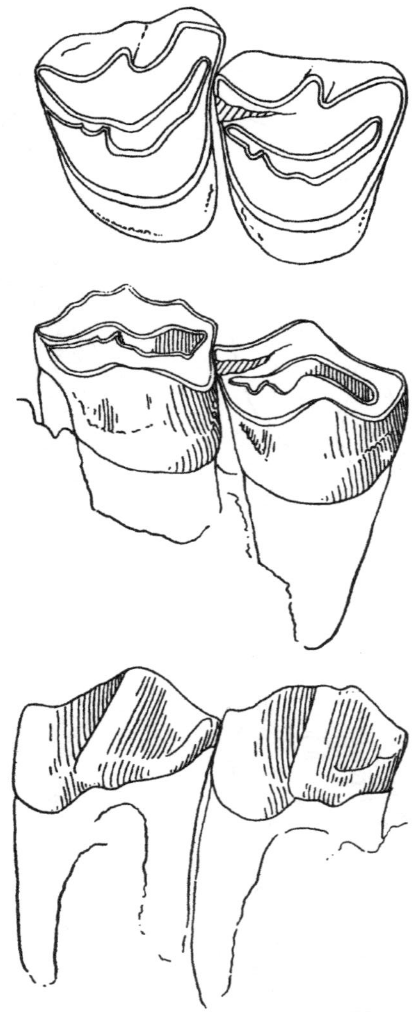

Abb. 18. *Alces latifrons* (JOHNS.) — (Mosb. 1955/817, M.M.), rechtes Oberkieferbruchstück mit P^{3-4}, etwa nat. Gr.

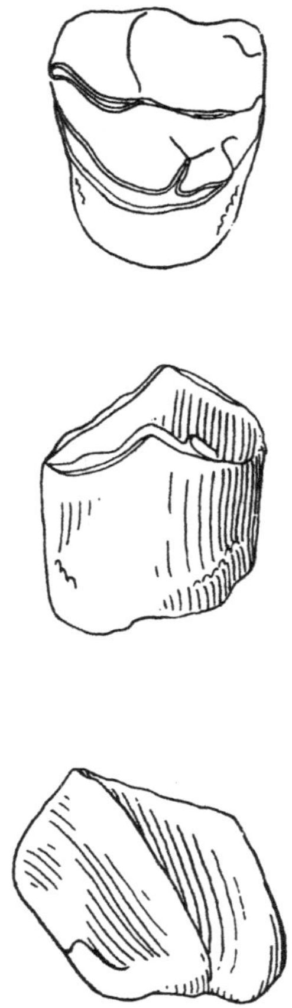

Abb. 19. *Alces latifrons* (JOHNS.) — (Mosb. 1953/101, M.M.), P^3 sin., etwa nat. Gr.

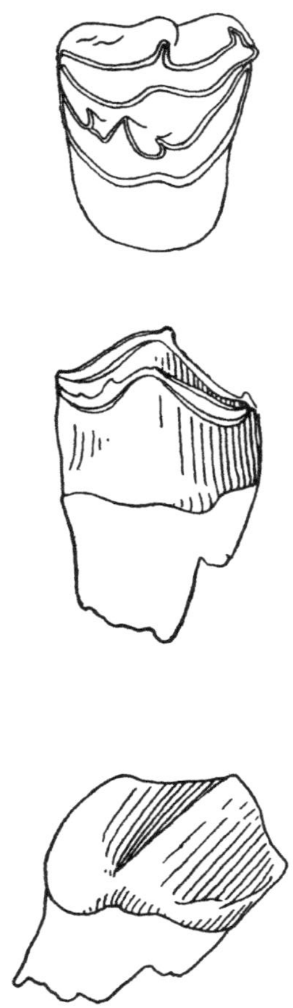

Abb. 20. *Alces latifrons* (JOHNS.) — (Mosb. 1955/210, M.M.), P^3 dex., etwa nat. Gr.

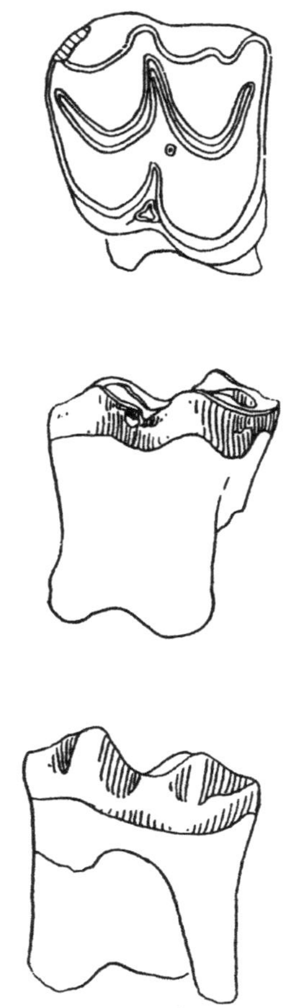

Abb. 21. *Alces latifrons* (JOHNS.) — (Mosb. 1956/659, M.M.), M^1 dex., etwa nat. Gr.

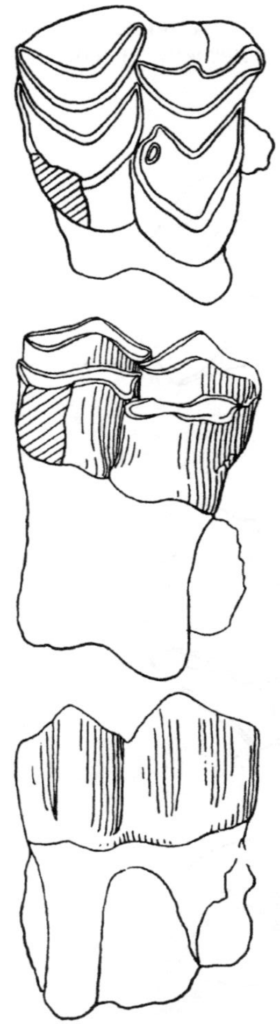

Abb. 22. *Alces latifrons* (JOHNS.) — (Mosb. 1953/204, M.M.), M^2 dex., etwa nat. Gr.

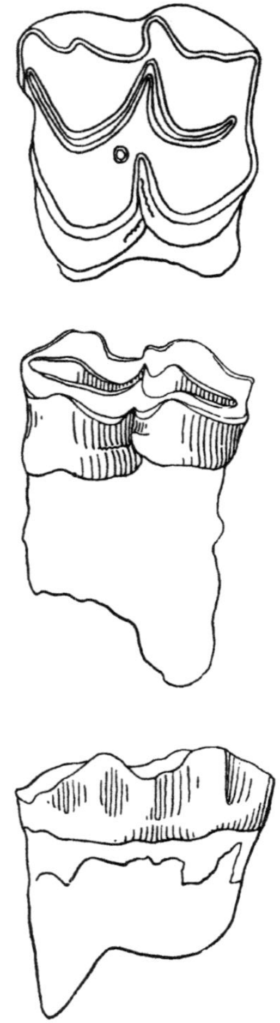

Abb. 23. *Alces latifrons* (JOHNS.) — (Mosb. 1956/595, M.M.), M^2 sin., etwa nat. Gr.

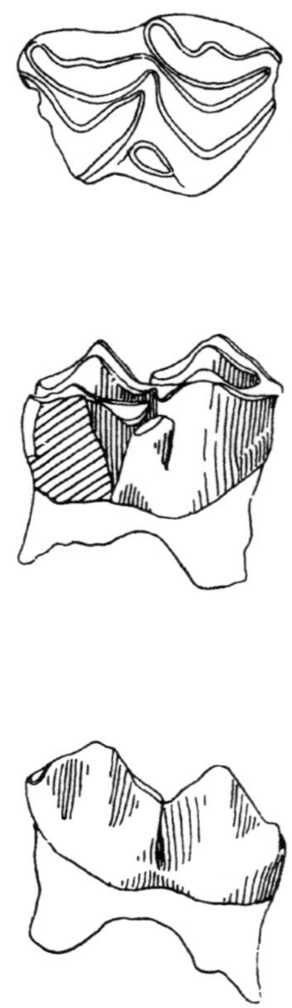

Abb. 24. *Alces* sp. (Mosb. 1944, M.F.), M_1 dex., etwa nat. Gr.

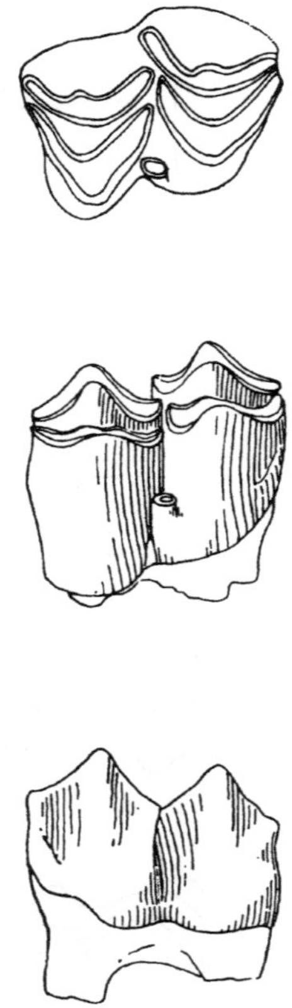

Abb. 25. *Alces* sp. (Mosb. 1918, M.F.), M_2 dex., etwa nat. Gr.

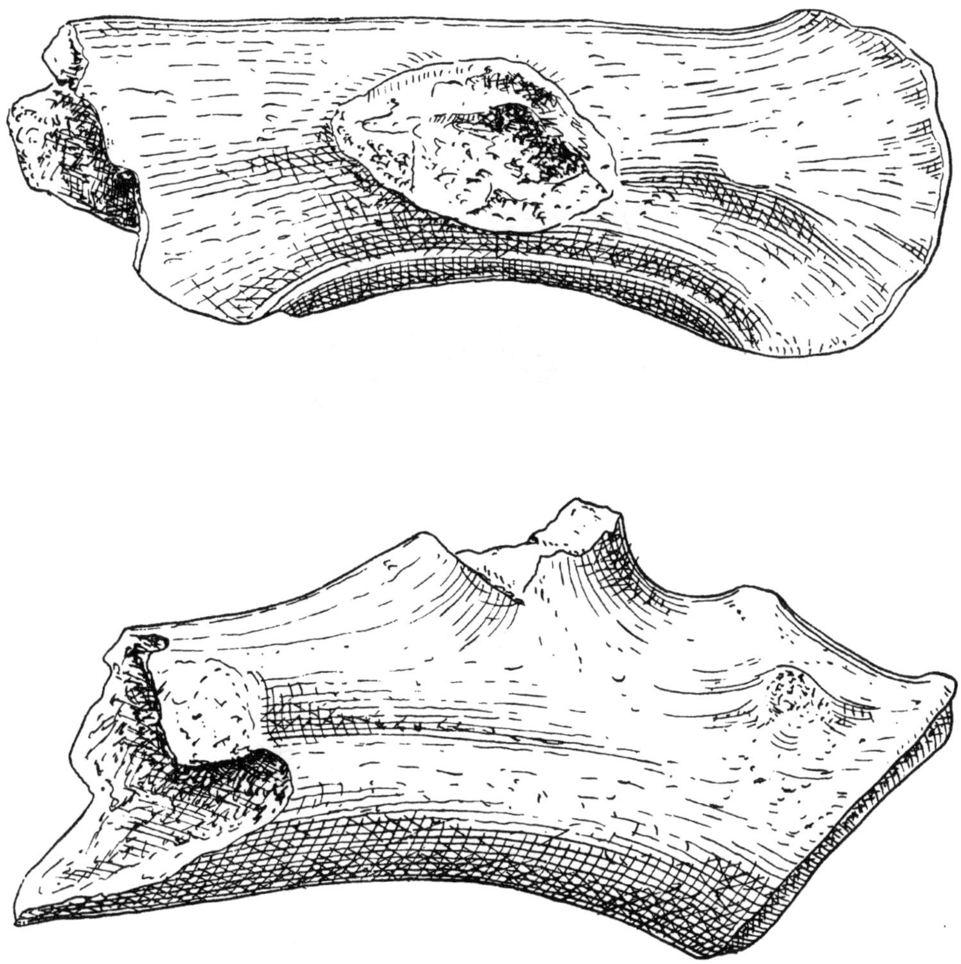

Abb. 26. *Orthogonoceros verticornis* (DAWK.) — (Mosb. 1950/657, M.M.), rechte Abwurfstange (Bruchstück), etwa ¾ nat. Gr.

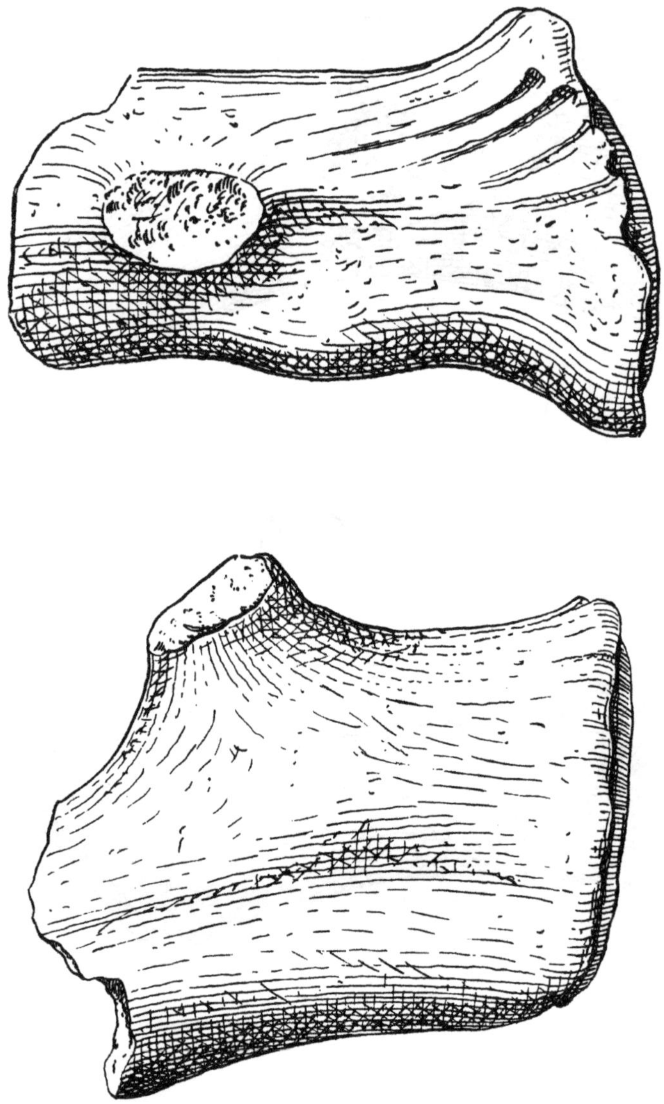

Abb. 27. *Orthogonoceros verticornis* (DAWK.) — (Mosb. 1950/587, M.M.), rechte Abwurfstange (Bruchstück), etwa ¾ nat. Gr.

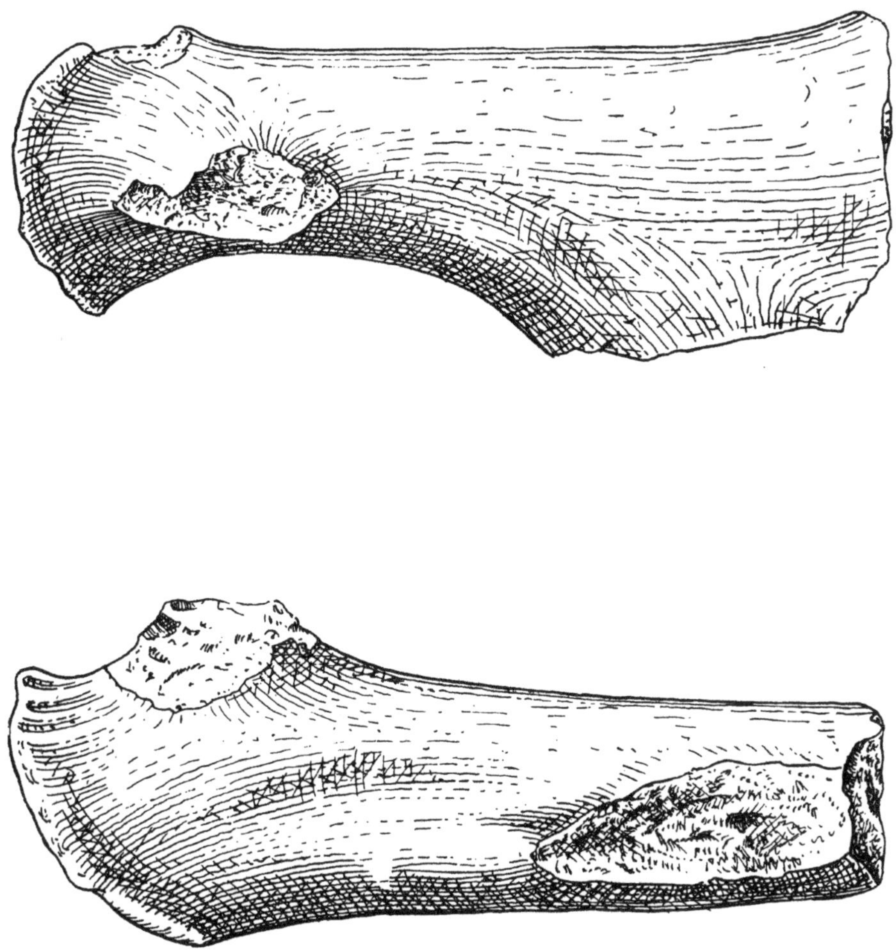

Abb. 28. *Orthogonoceros verticornis* (DAWK.) — (Mosb. 370, M.W.), linke Abwurfstange (Bruchstück), etwa $^{2}/_{3}$ nat. Gr.

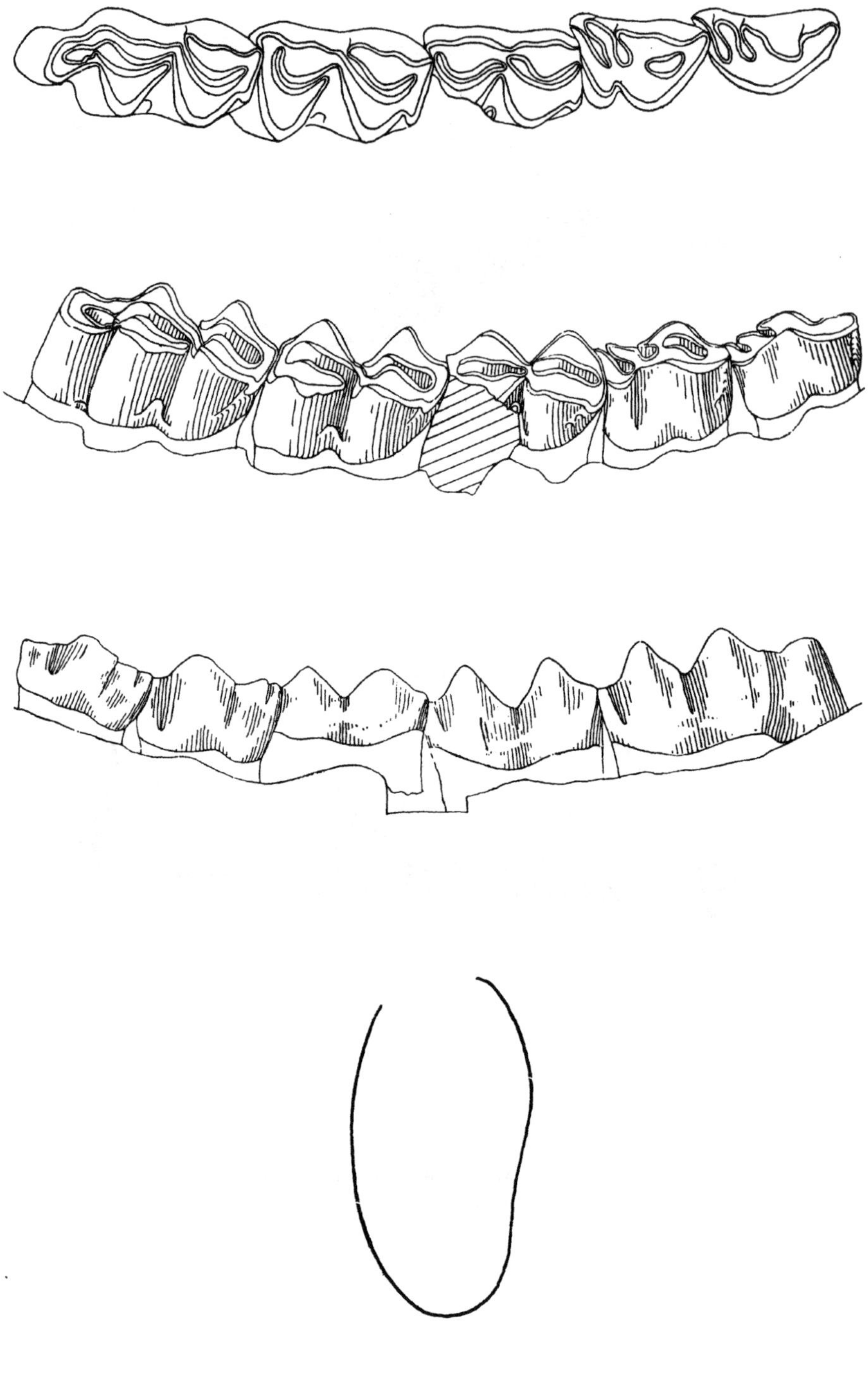

Abb. 29. *Orthogonoceros* sp. (Mosb. 1955/1238, M.M.), rechtes Unterkieferbruchstück mit P_3—M_3 und Querschnitt hinter dem hinteren Prisma von M_2, etwa nat. Gr.

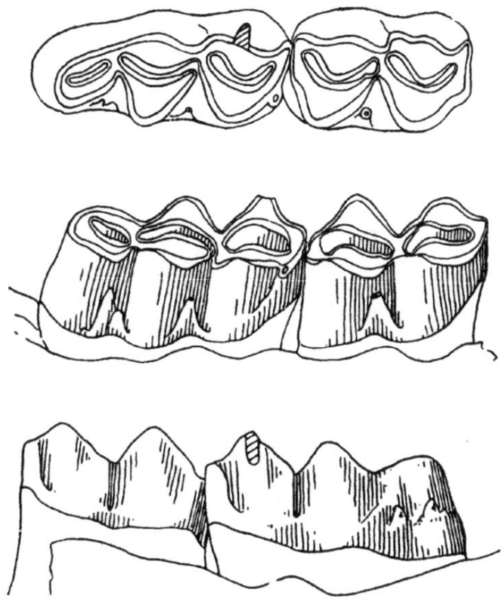

Abb. 30. *Orthogonoceros* sp. (Mosb. 1956/33, M.M.), rechtes Unterkieferbruchstück mit M_{2-3}, etwa nat. Gr.

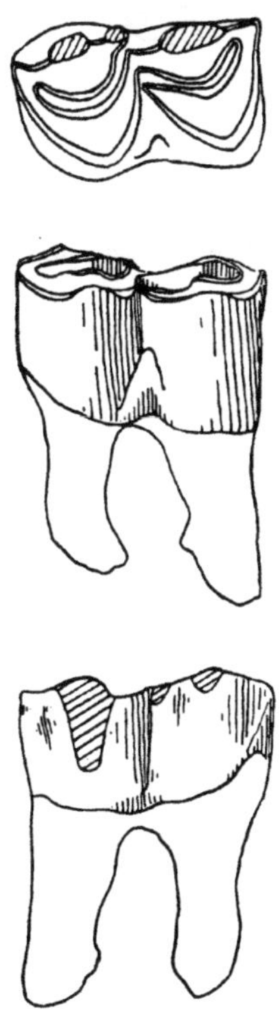

Abb. 31. *Orthogonoceros* sp. (Mosb. 1950/294, M.M.). M_1 sin., etwa nat. Gr.

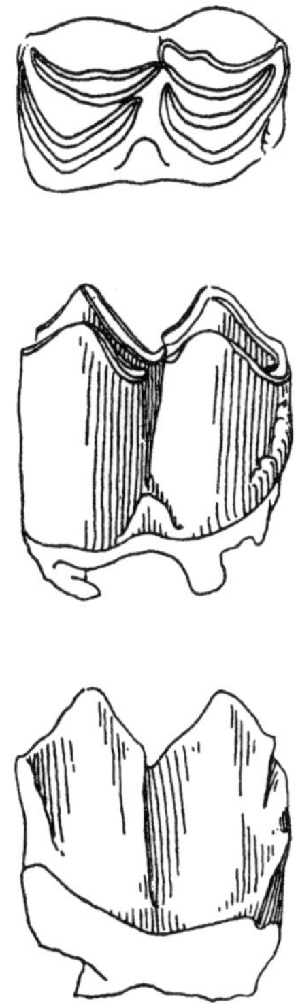

Abb. 32. *Orthogonoceros* sp. (Mosb. 1952/479, M.M.), M_2 dex., etwa nat. Gr.

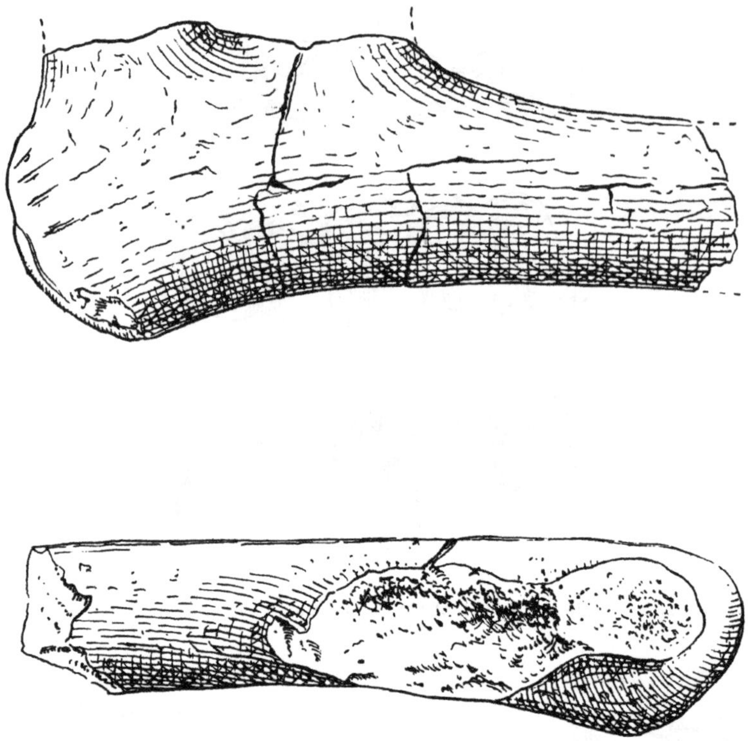

Abb. 33. *Cervidae* (ungewisser Zuordnung) — (Mosb. 1954/656, M.M.), rechtes Stangenfragment, etwa ¾ nat. Gr.

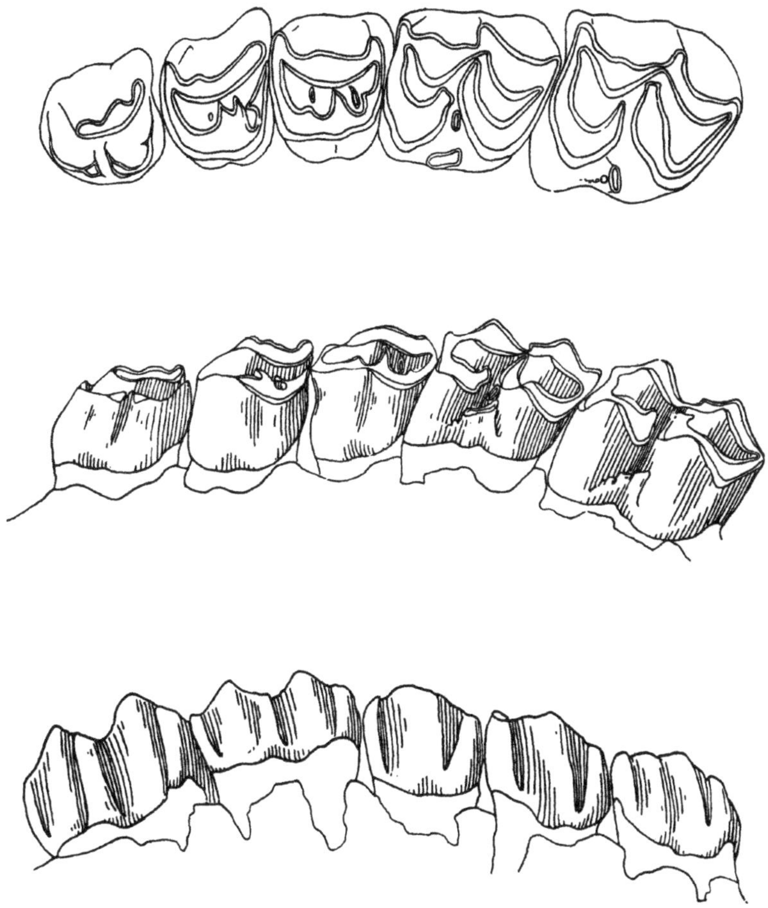

Abb. 34. *Cervidae* (ungewisser Zuordnung) — (Mosb. 1956/195, M.M.), linkes Oberkieferbruchstück mit P^2—M^2, etwa nat. Gr.

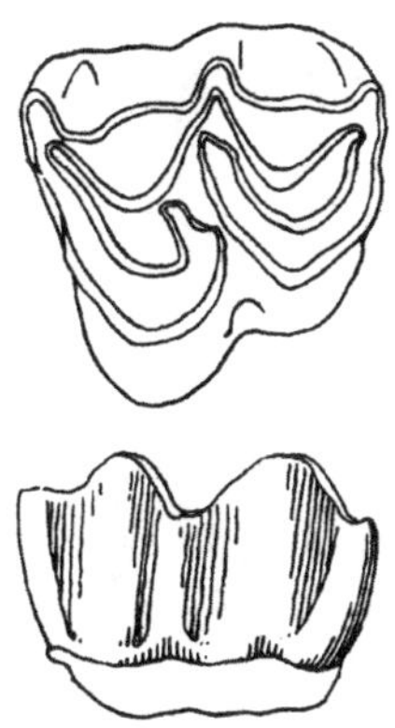

Abb. 35. *Cervidae* (ungewisser Zuordnung) — (Mosb. 1956/877, M.M.), M^3 sin., etwa nat. Gr.

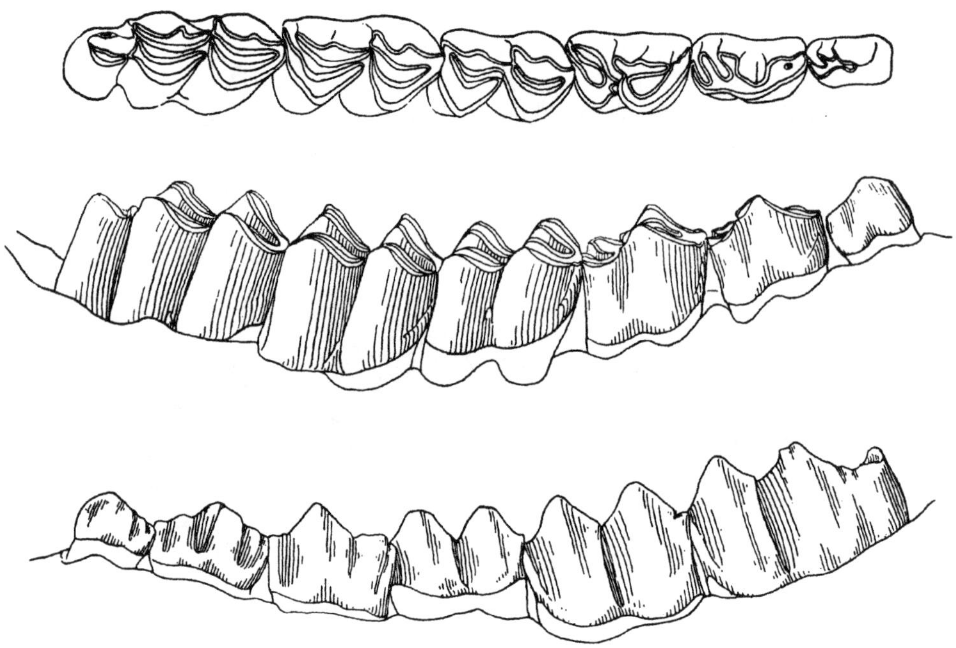

Abb. 36. *Cervus acoronatus* BENINDE (Mosb. 1956/761, M.M.), rechtes Unterkieferbruchstück mit P_2—M_3, etwa nat. Gr.

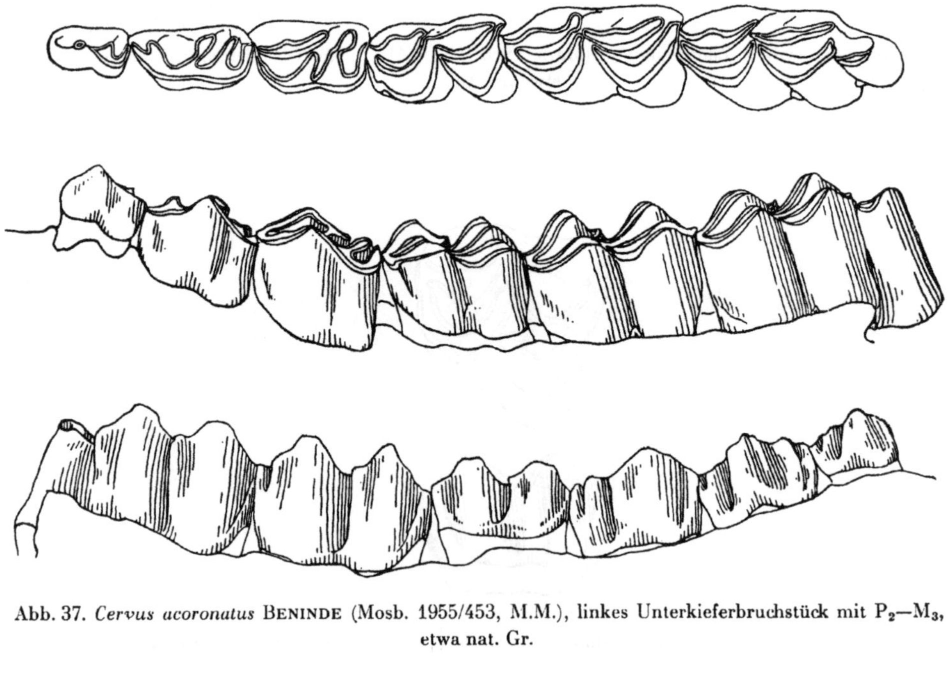

Abb. 37. *Cervus acoronatus* BENINDE (Mosb. 1955/453, M.M.), linkes Unterkieferbruchstück mit P_2—M_3, etwa nat. Gr.

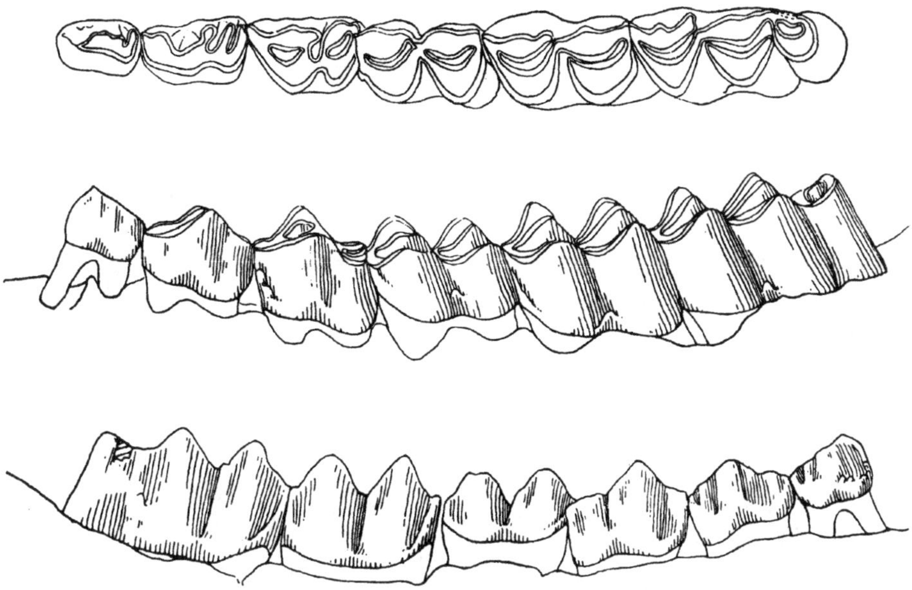

Abb. 38. *Cervus acoronatus* BENINDE (Mosb. 1956/868, M.M.), linkes Unterkieferbruchstück mit P_2—M_3, etwa nat. Gr.

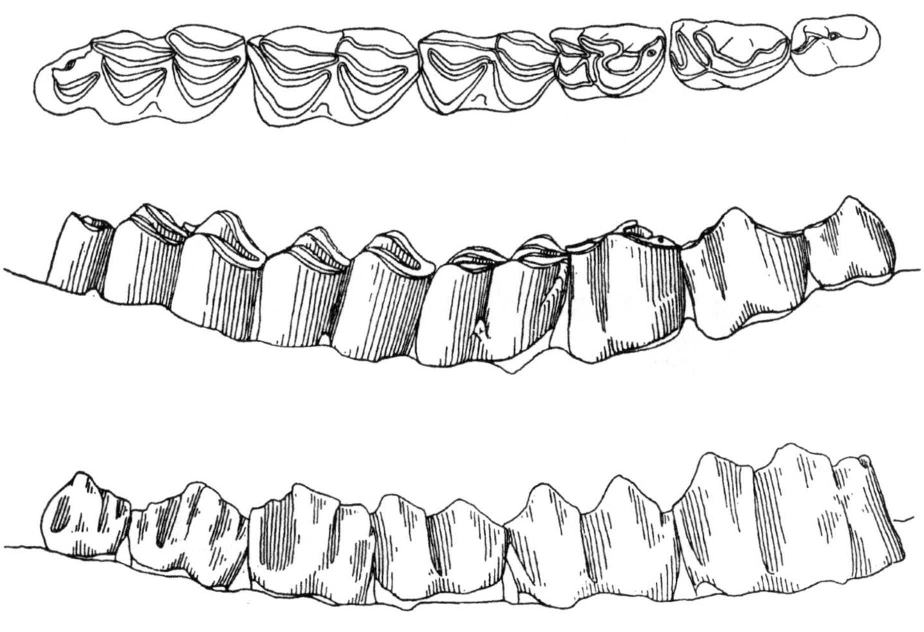

Abb. 39. *Cervus acoronatus* BENINDE (Mosb. 1956/867, M.M.), rechtes Unterkieferbruchstück mit P_2—M_3, etwa nat. Gr.

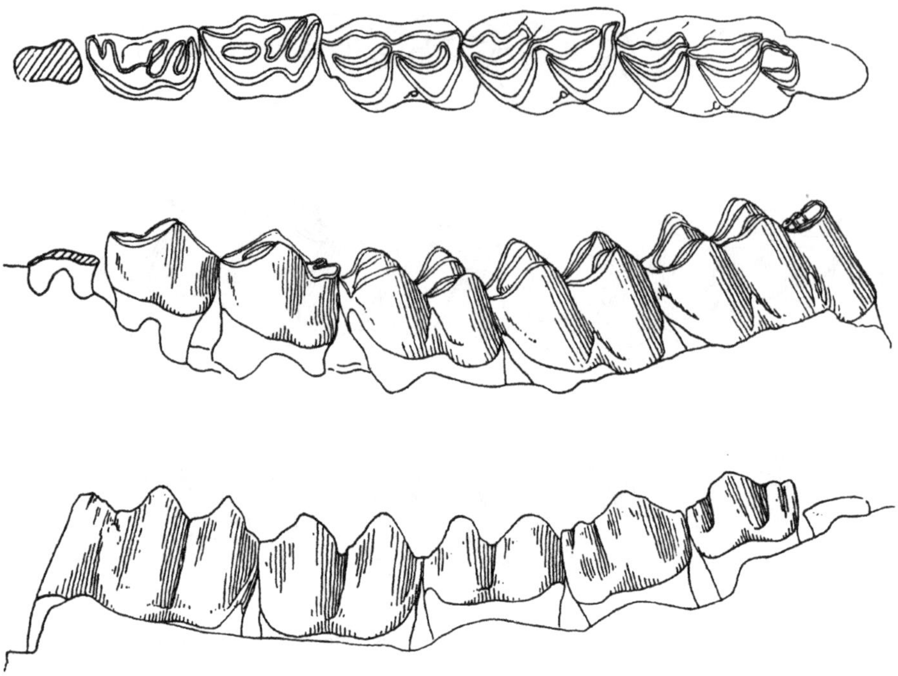

Abb. 40. *Cervus acoronatus* BENINDE (Mosb. 1956/402, M.M.), linkes Unterkieferbruchstück mit P_3—M_3, etwa nat. Gr.

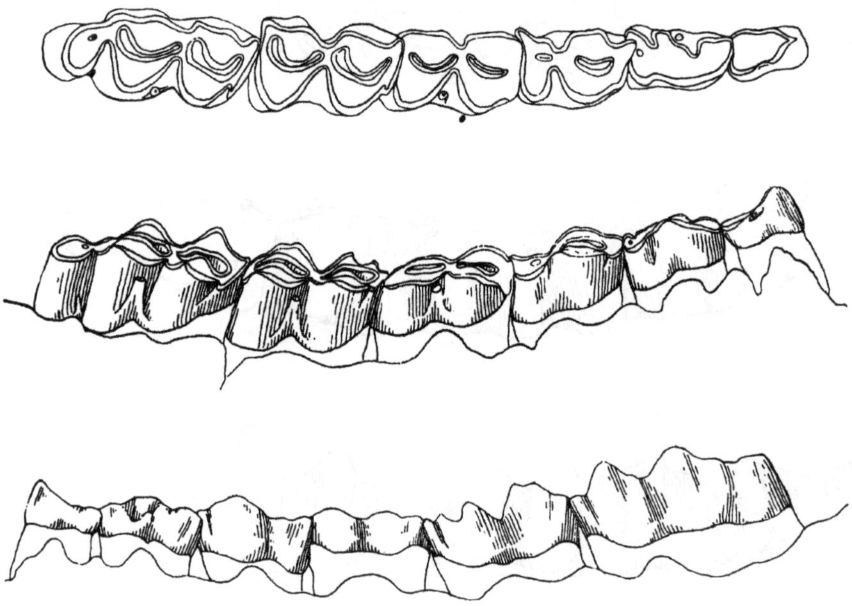

Abb. 41. ? *Cervus acoronatus* BENINDE (Mosb. 1955/698, M.M.), rechtes Unterkieferbruchstück mit P_2—M_3, etwa nat. Gr.

(Mosb. 1957/19, M.M.)

(Mosb. 1955/1237, M.M.)

(Mosb. 1956/761, M.M.)

(Mosb. 1955/453, M.M.)

Abb. 42. *Cervus acoronatus* BENINDE, Unterkieferquerschnitte hinter dem hinteren Prisma von M_2

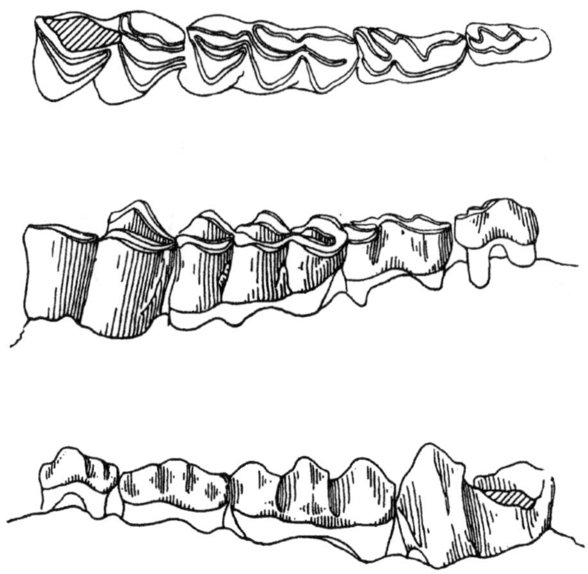

Abb. 43. *Cervus acoronatus* BENINDE (Mosb. 319, M.D.), rechtes Unterkieferbruchstück mit D_2—M_1, etwa nat. Gr.

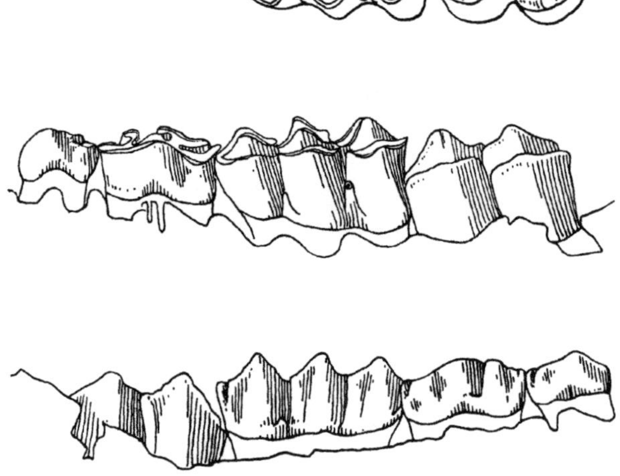

Abb. 44. *Cervus acoronatus* BENINDE (Mosb. 165, M.W.), linkes Unterkieferbruchstück mit D_2—M_1, etwa nat. Gr.

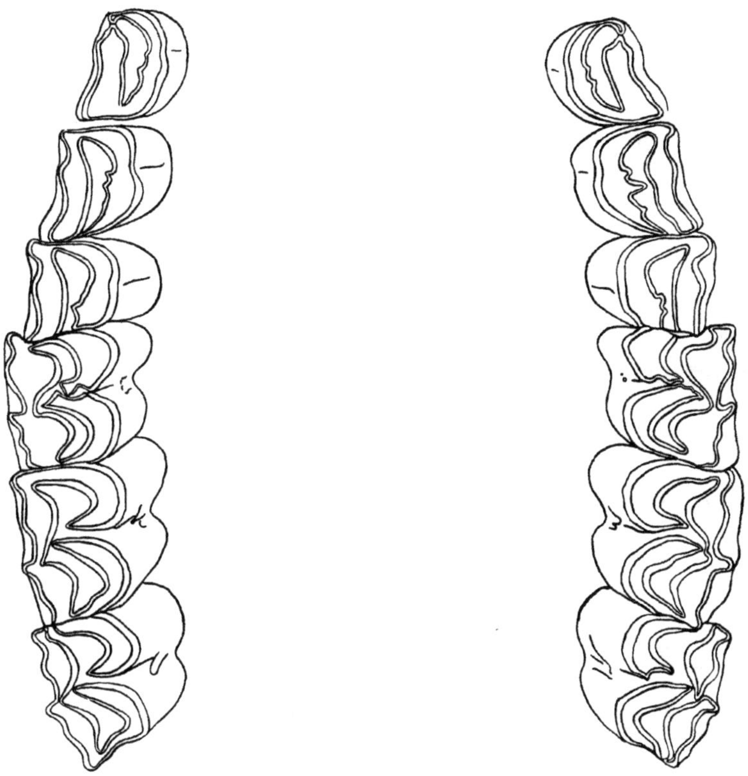

Abb. 45. *Cervus acoronatus* BENINDE (Mosb. 1957/714, M.M.),
Os palatinum mit P^2—M^3 dex. et sin., etwa nat. Gr.

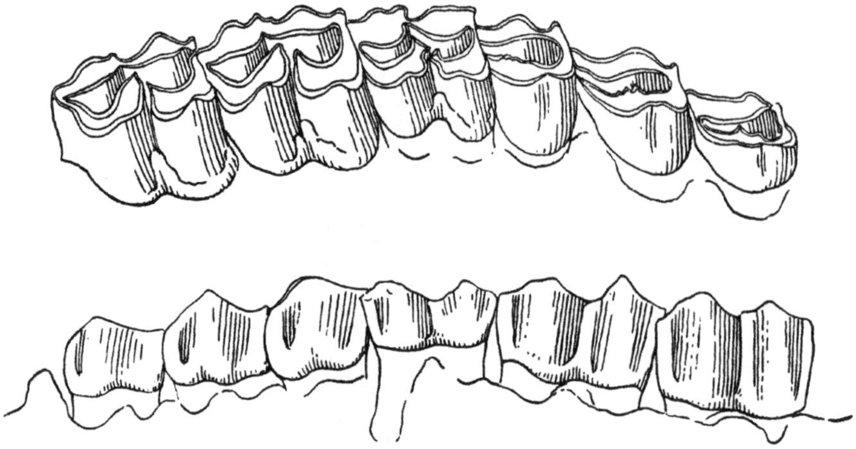

Oberkieferreihe P²—M³ dex., etwa nat. Gr.

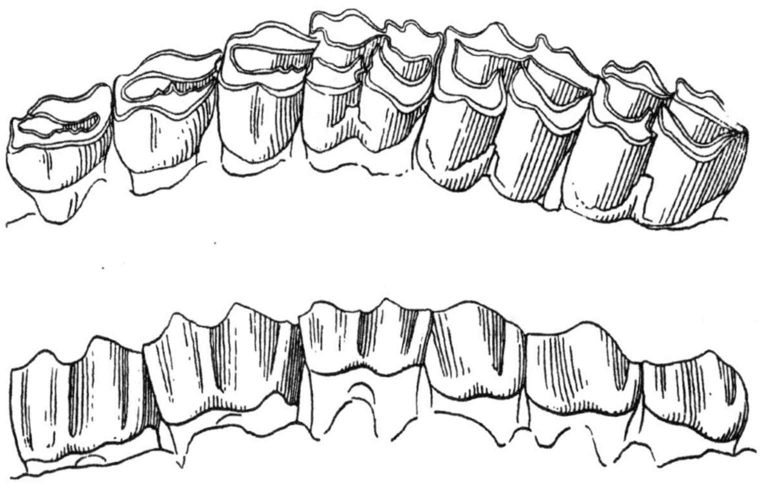

Oberkieferreihe P²—M³ sin., etwa nat. Gr.

Abb. 46. *Cervus acoronatus* BENINDE (Mosb. 1957/714, M.M.)

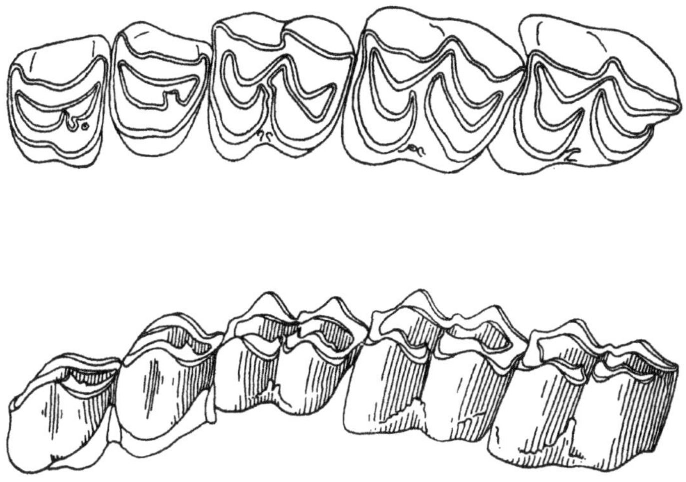

Abb. 47. *Cervus acoronatus* BENINDE (Mosb. 162, M.W.), linkes Oberkieferbruchstück mit P^3—M^3, etwa nat. Gr.

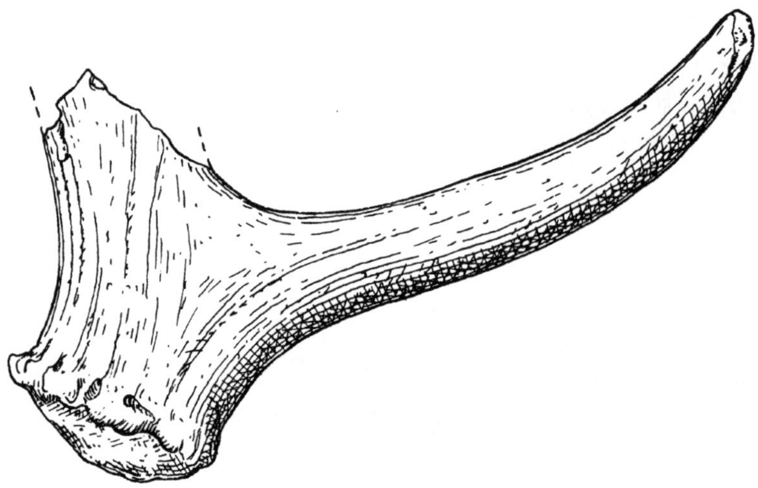

Abb. 48. „*Cervus*" *elaphoides* n. sp. (Mosb. 1954/232, M.M.), linker Abwurf (Bruchstück), etwa ¾ nat. Gr.

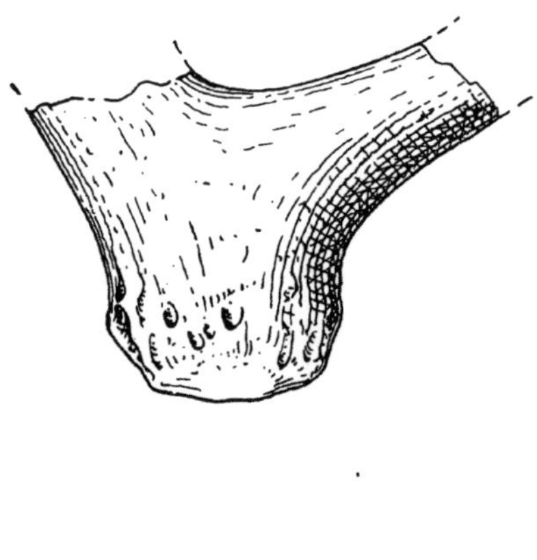

Abb. 49. „*Cervus*" *elaphoides* n. sp. (Mosb. 1945/8896, M.M.), linker Abwurf (Bruchstück, nach Abguß, Original im Kriege zerstört), etwa $^2/_3$ nat. Gr.

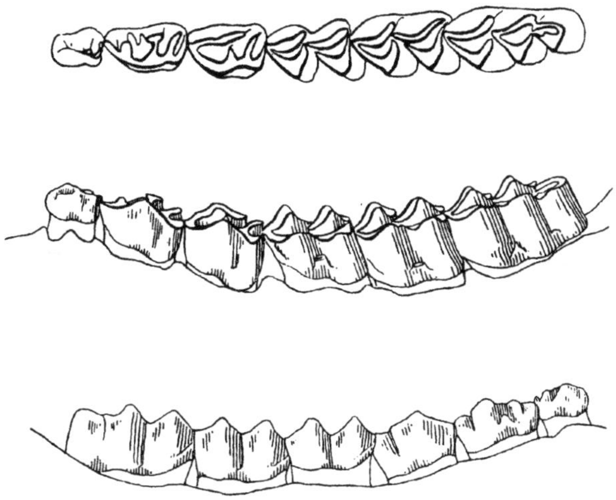

Abb. 50. *Capreolus süssenbornensis* KAH. (Mosb. 1955/1142, M.M.), linkes Unterkieferbruchstück mit P_2—M_3, etwa nat. Gr.

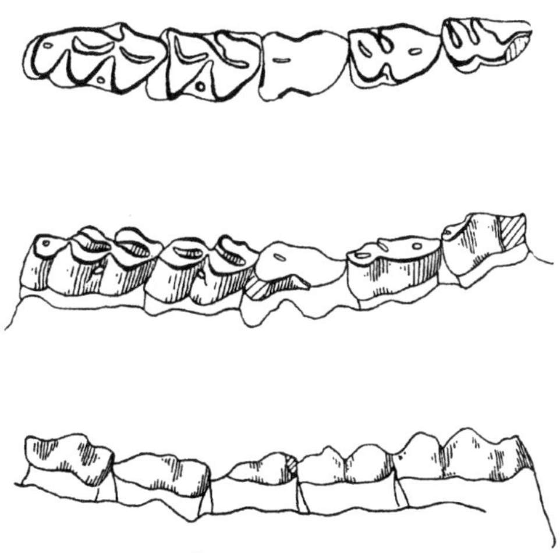

Abb. 51. *Capreolus süssenbornensis* KAH. (Mosb. 1956/176, M.M.), rechtes Unterkieferbruchstück mit P_3—M_3, etwa nat. Gr.

Abb. 52. *Capreolus süssenbornensis* KAH.
(Mosb. 1953/501, M.M.),
linkes Unterkieferbruchstück mit M_{1-3},
etwa nat. Gr.

Abb. 53. *Capreolus süssenbornensis* KAH.
(Mosb. 1955/1319, M.M.),
linkes Unterkieferbruchstück mit M_{2-3},
etwa nat. Gr.

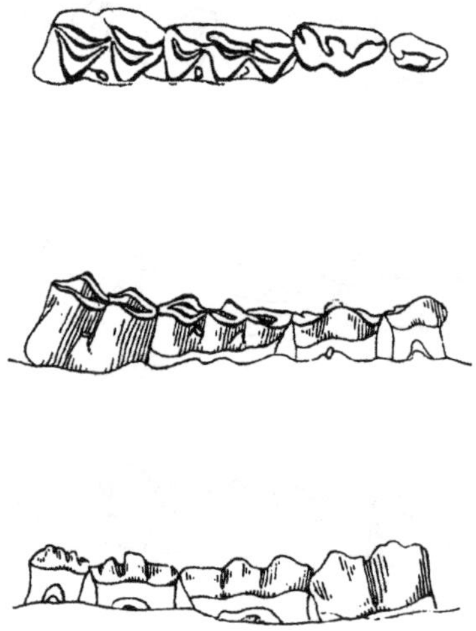

Abb. 54. *Capreolus süssenbornensis* KAH. (Mosb. 1956/751, M.M.), rechtes Unterkieferbruchstück mit D_2—M_1, etwa nat. Gr.

Abb. 55. *Capreolus süssenbornensis* KAH., Unterkieferquerschnitte hinter dem hinteren Prisma von M_2, etwa nat. Gr.
(Mosb. 1956/176, M.M.) (Mosb. 1955/1142, M.M.) (Mosb. 1953/501, M.M.)

Abb. 56. *Capreolus süssenbornensis* KAH. (Mosb. 1955/740, M.M.), M^1 sin., etwa nat. Gr.

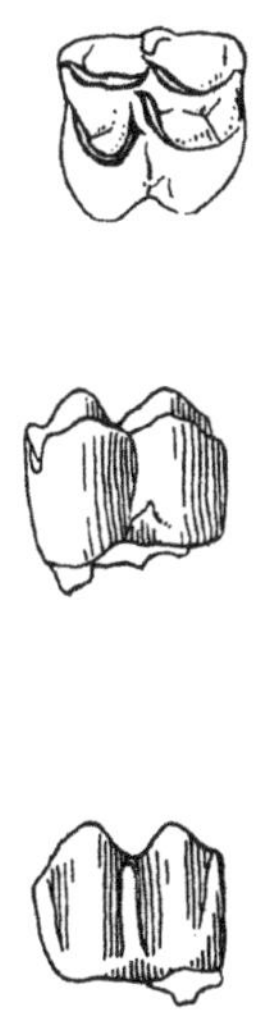

Abb. 57. *Capreolus süssenbornensis* KAH. (Mosb. 1956/956, M.M.), M^2 sin., etwa nat. Gr.

Abb. 58. *Capreolus süssenbornensis* KAH. (Mosb. 1955/603, M.M.), M^2 dex., etwa nat. Gr.

Alces latifrons (JOHNS.) — (Mosb. 1945/144, M.M.), Schädelbruchstück mit Geweih von oben, etwa ⅛ nat. Gr.

TAFEL 2

Alces latifrons (JOHNS.) — (Mosb. 1945/145, M.M.), Schädelbruchstück mit Geweih von oben, etwa 1/7 nat. Gr.

Alces latifrons (JOHNS.) — (Mosb. 1946/11, MM.), linke Abwurfschaufel von oben, etwa $^{1}/_{10}$ nat. Gr.

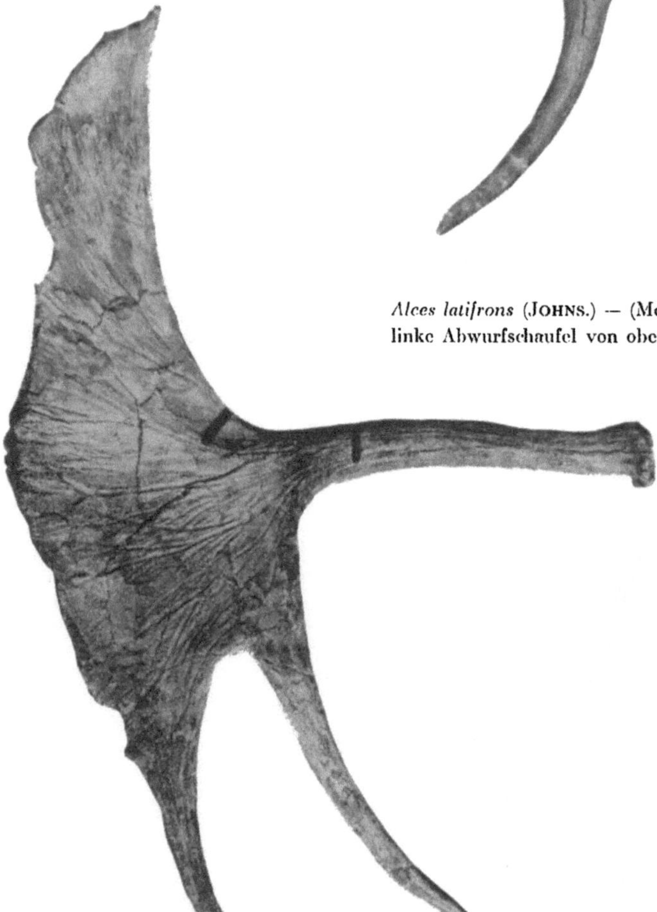

Alces latifrons (JOHNS.) — (Mosb. 253, M.W.), rechte Abwurfschaufel von oben, etwa $^{1}/_{10}$ nat. Gr.

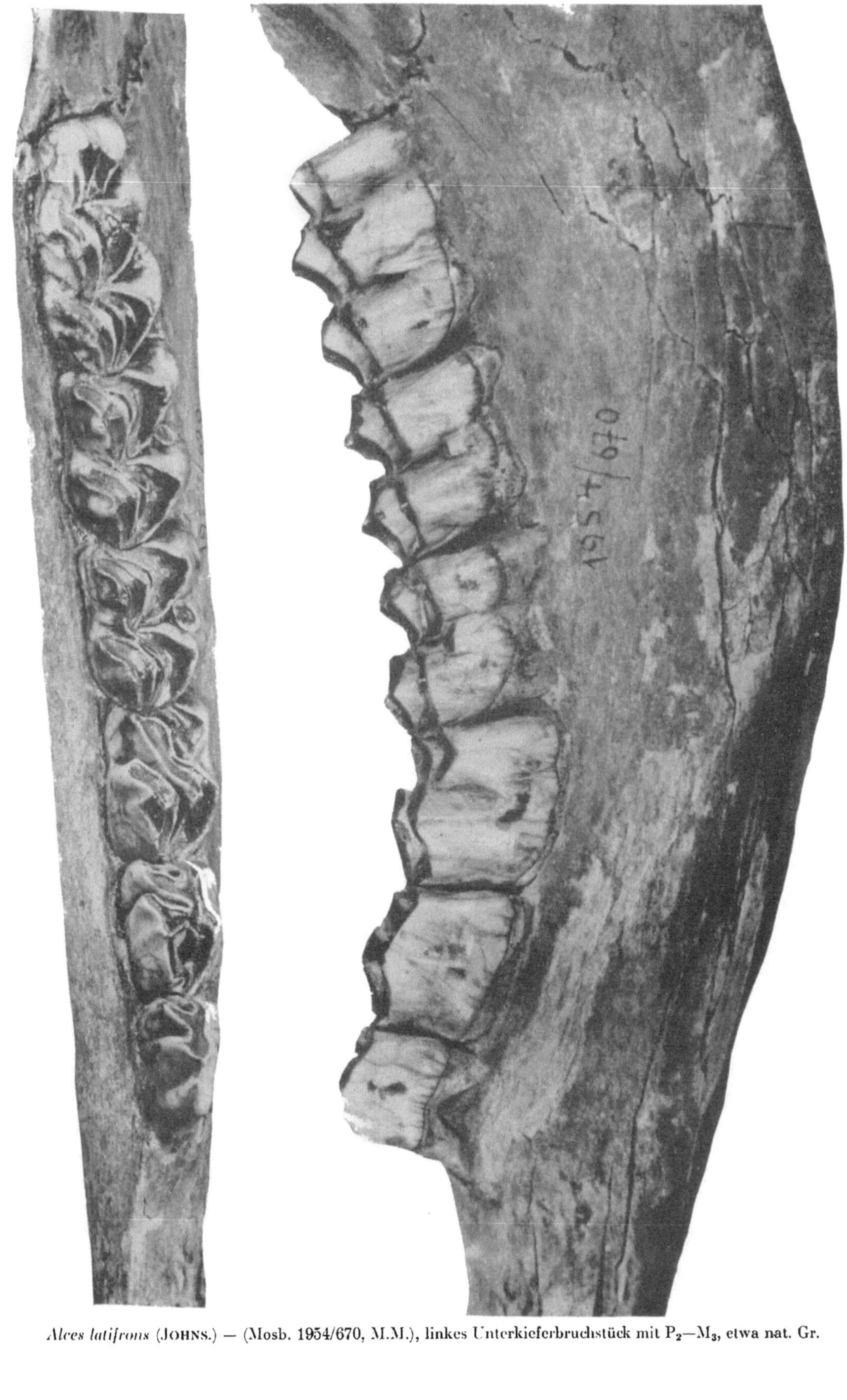

Alces latifrons (JOHNS.) — (Mosb. 1954/670, M.M.), linkes Unterkieferbruchstück mit P_2—M_3, etwa nat. Gr.

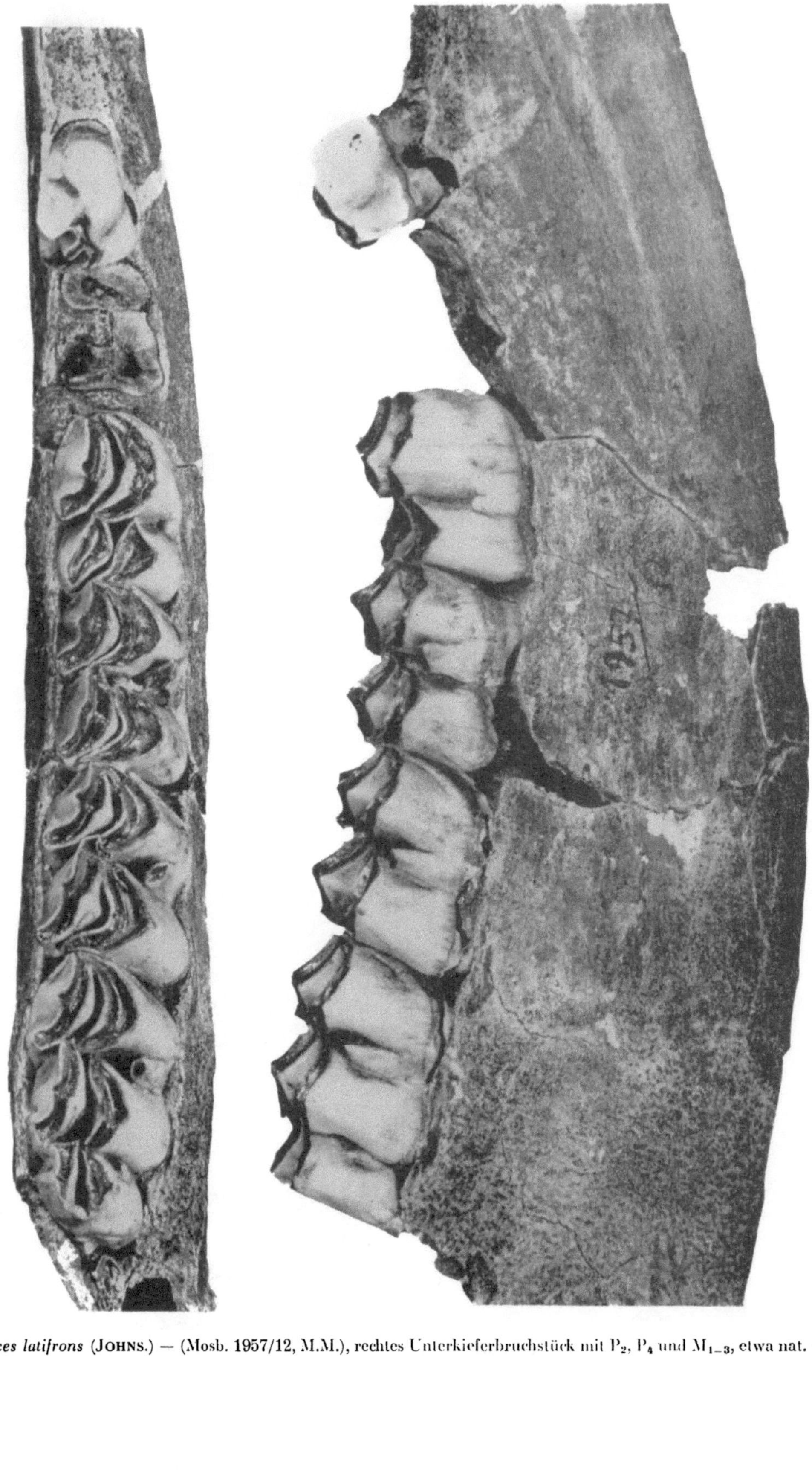

Alces latifrons (JOHNS.) — (Mosb. 1957/12, M.M.), rechtes Unterkieferbruchstück mit P_2, P_4 und M_{1-3}, etwa nat. Gr.

TAFEL 6

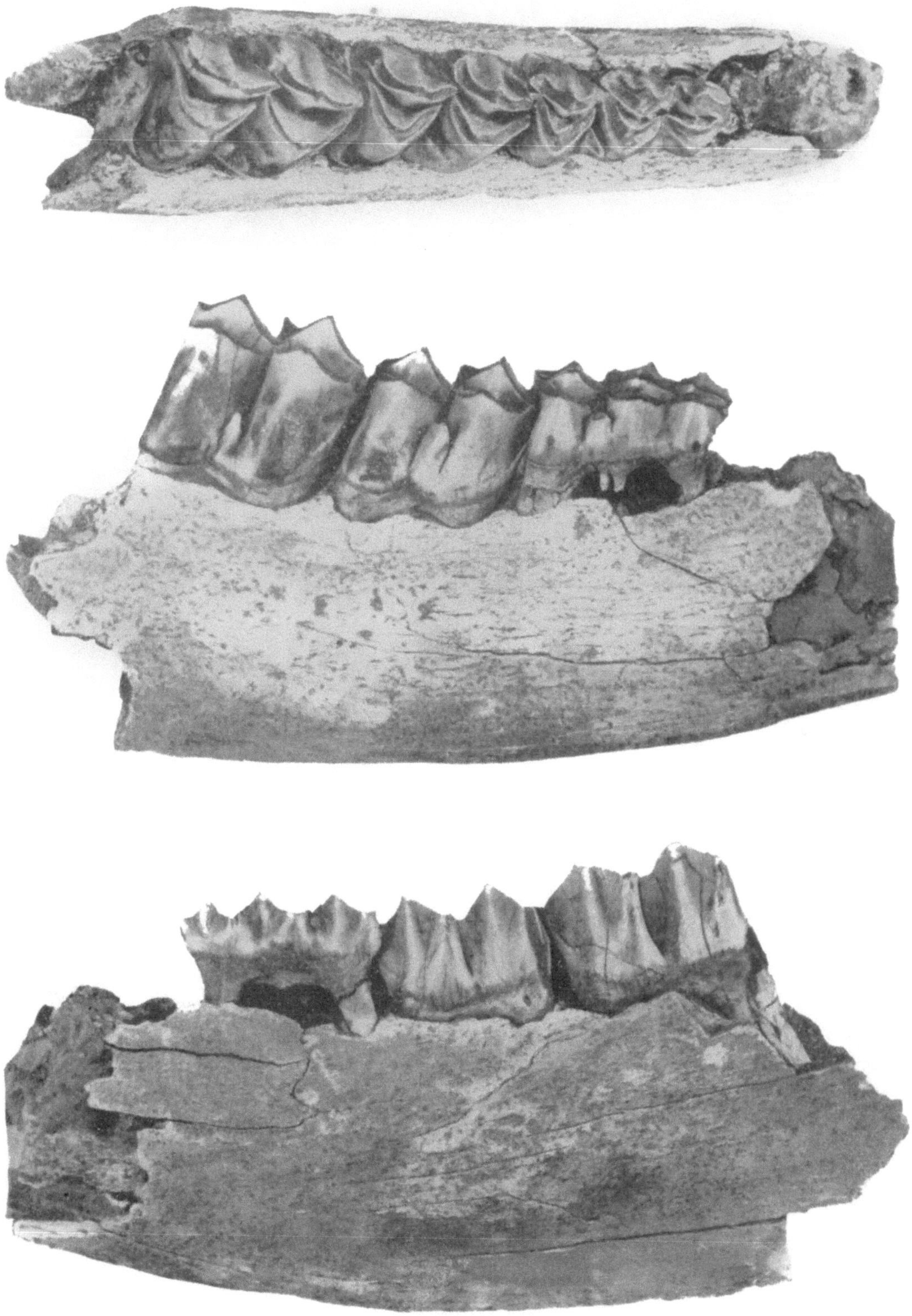

Alces latifrons (JOHNS.) — (Mosb. 158, M.W.), rechtes Unterkieferbruchstück mit D_4 und M_{1-2}, etwa nat. Gr.

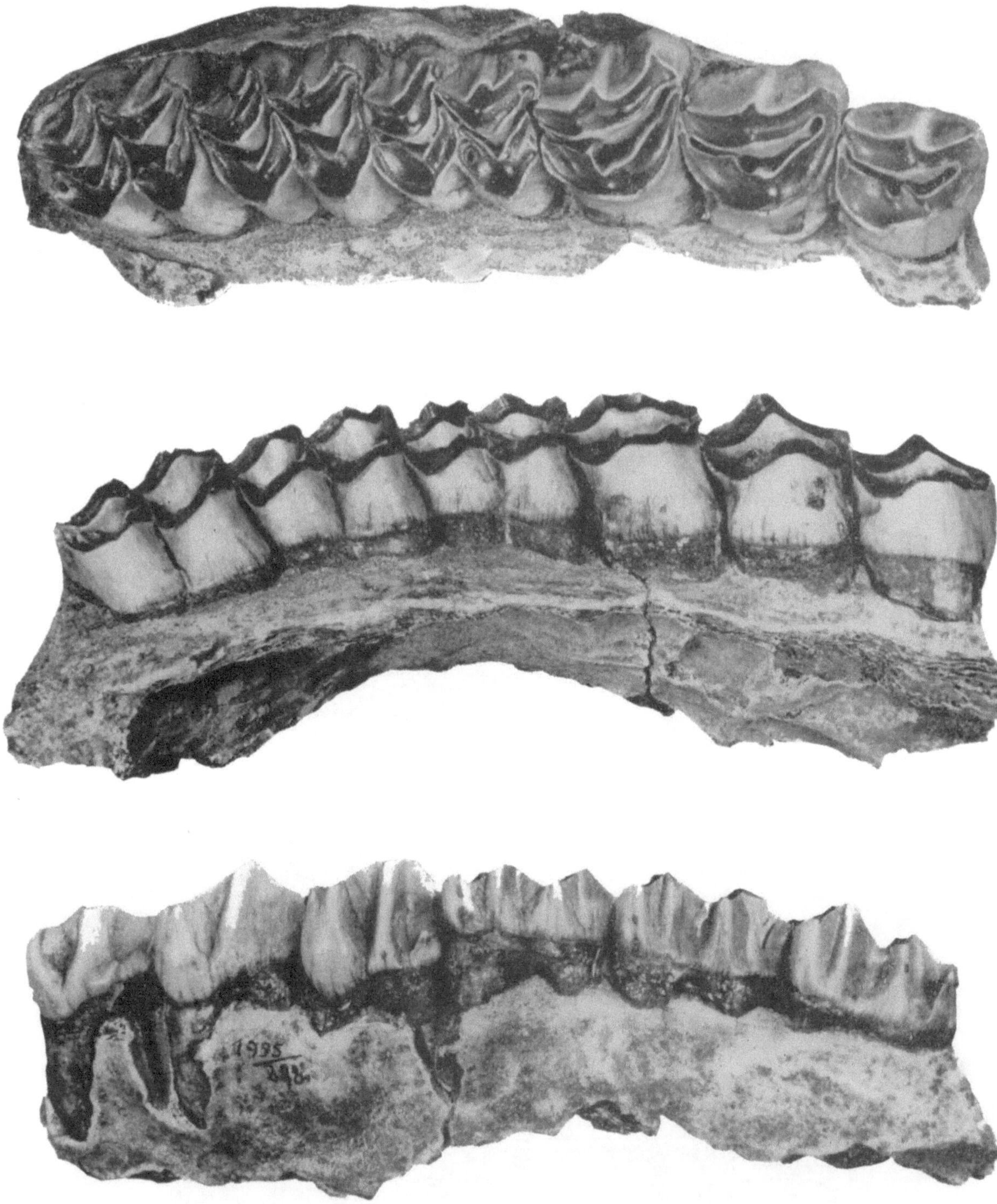

Alces latifrons (JOHNS.) — (Mosb. 1955/278, M.M.), rechtes Oberkieferbruchstück mit P^2—M^3, etwa nat. Gr.

TAFEL 8

Orthogonoceros verticornis (DAWK.) — (Mosb. 1949/383, M.M.), Schädelbruchstück mit Stangenresten schräg von vorn, etwa ½ nat. Gr.

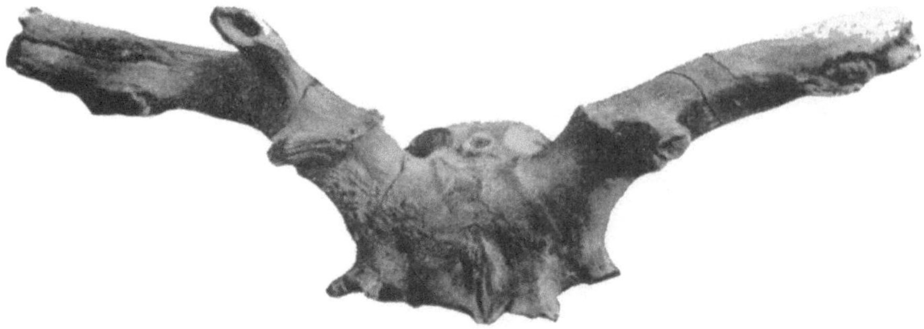

Orthogonoceros verticornis (DAWK.) — Mosbach (nach SOERGEL, 1927), Schädelbruchstück mit Geweih, von vorn, etwa ⅕ nat. Gr.

a

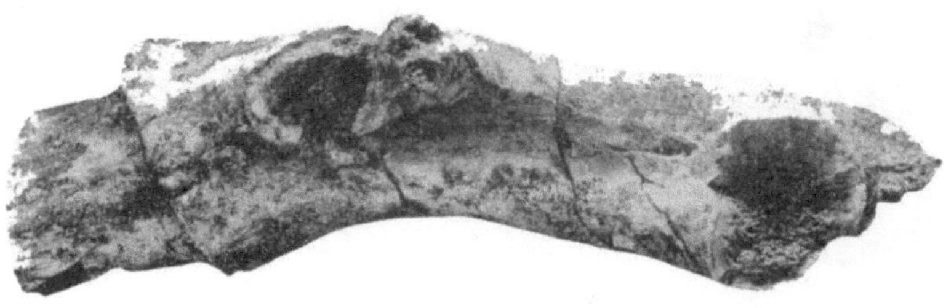

b

Orthogonoceros verticornis (DAWK.) — (dv. - Mosb. 627, M.B.), linke schädelechte Stange (Bruchstück), a = von oben; b = von vorn, etwa ½ nat. Gr.

TAFEL 10

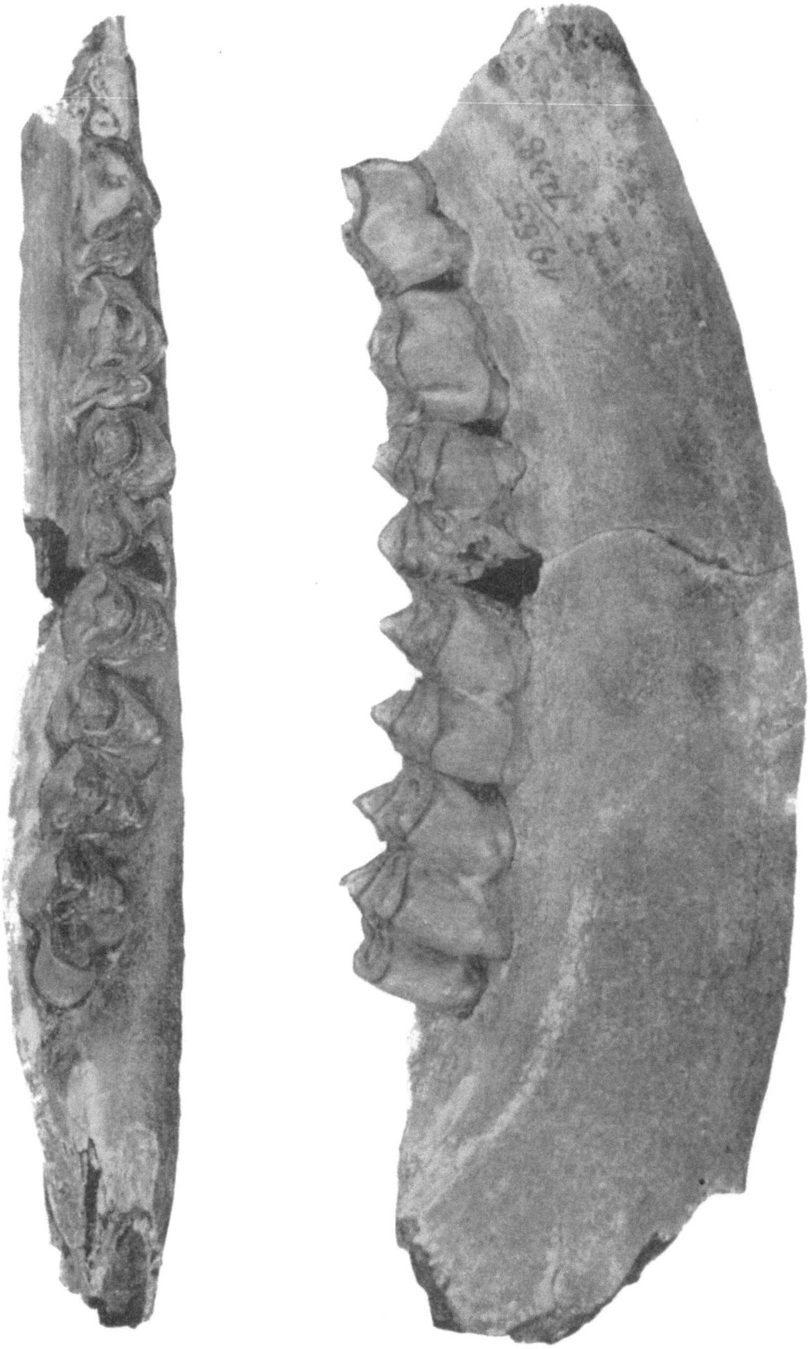

Orthogonoceros sp. (Mosb. 1935/1238, M.M.), rechtes Unterkieferbruchstück mit P_3—M_3, etwa nat. Gr.

a

b

Cervus acoronatus BENINDE (Mosb. 1957/714, M.M.), Schädelbruchstück mit Geweih, a = von vorn; b = schräg von vorn, etwa 1/10 nat. Gr.

Cervus acoronatus BENINDE (Mosb. 181, M.W.), distales Stangenbruchstück von innen, etwa ⅓ nat. Gr.

Cervus acoronatus BENINDE (Mosb. 381, M.D.), rechte Abwurfstange schräg von vorn, etwa ¼ nat. Gr.

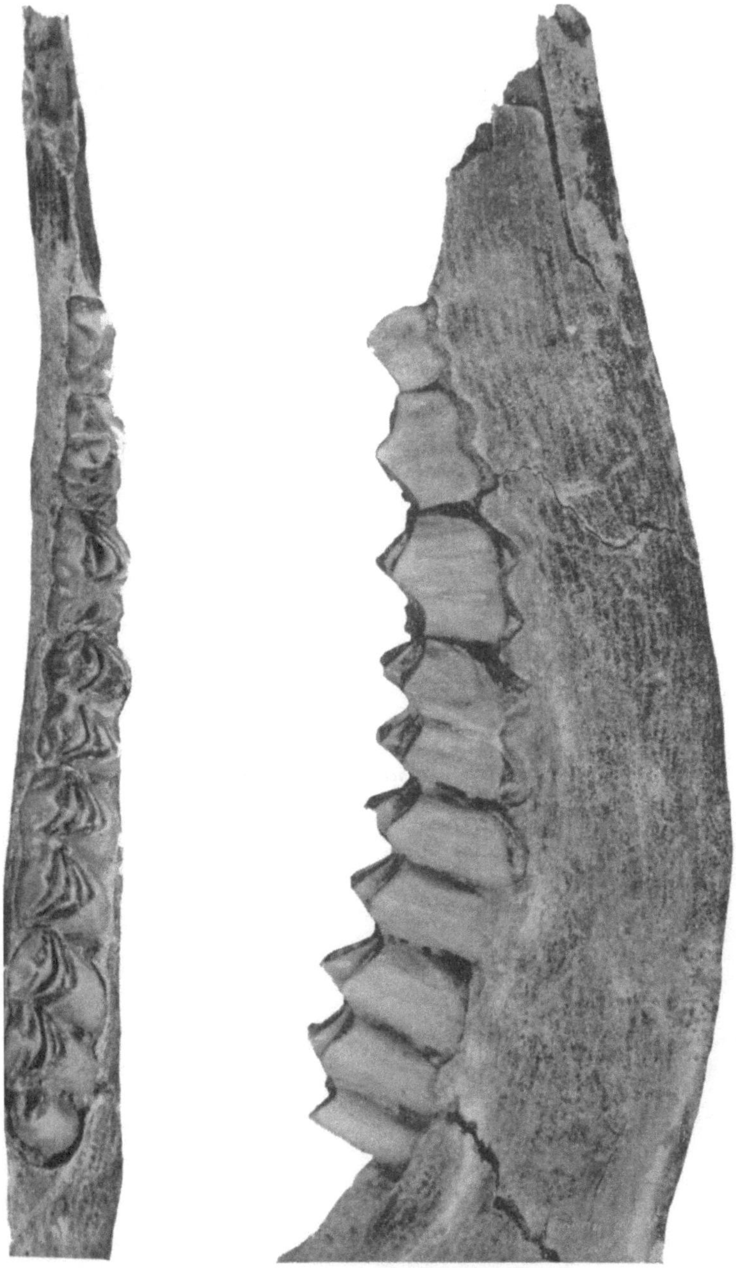

Cervus acoronatus BENINDE (Mosb. 1956/761, M.M.), rechtes Unterkieferbruchstück mit P_2—M_3, etwa nat. Gr.

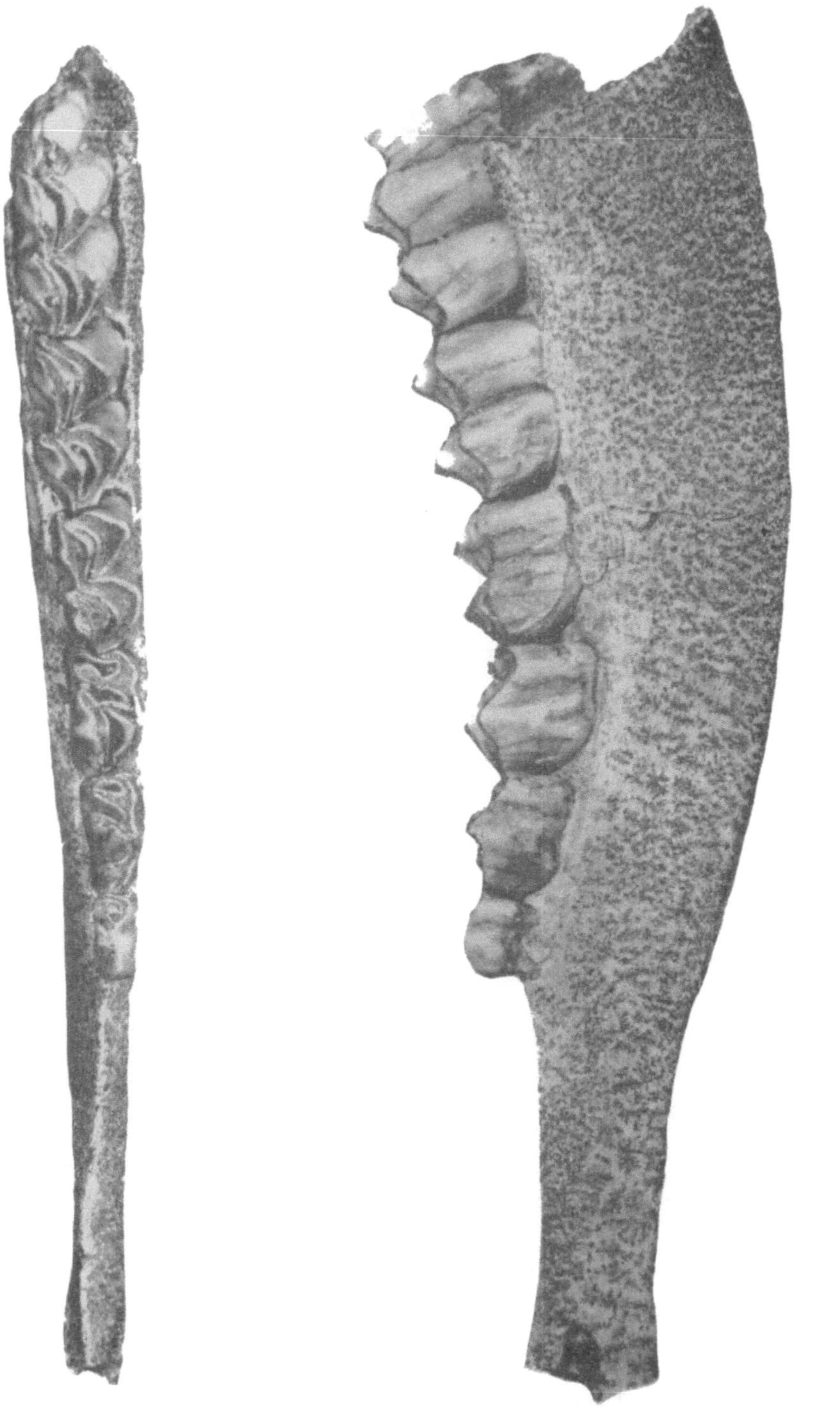

Cervus acoronatus BENINDE (Mosb. 1955/453, M.M.), linkes Unterkieferbruchstück mit P_2—M_3; etwa nat. Gr.

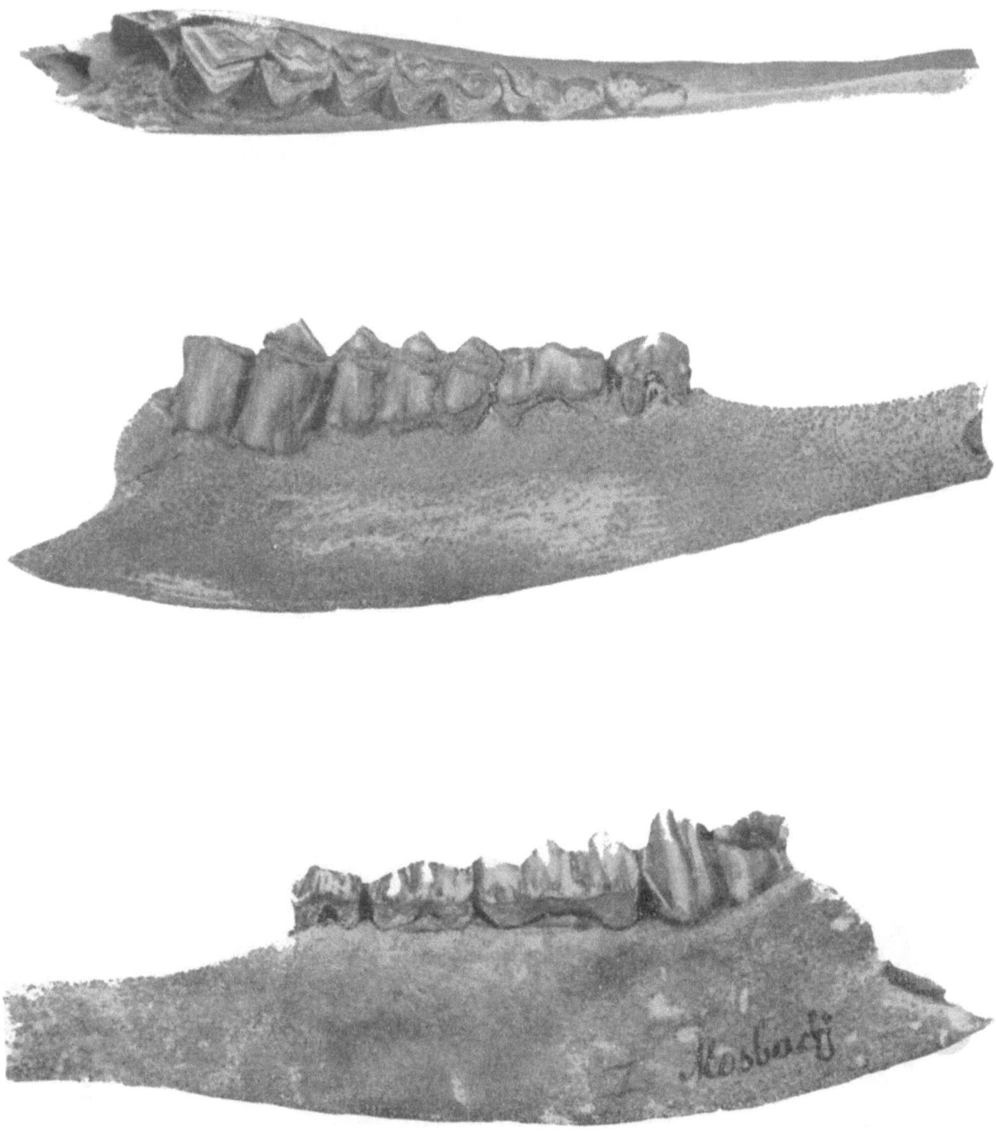

Cervus acoronatus BENINDE (Mosb. 319, M.D.), rechtes Unterkieferbruchstück mit D_2—M_1, etwa nat. Gr.

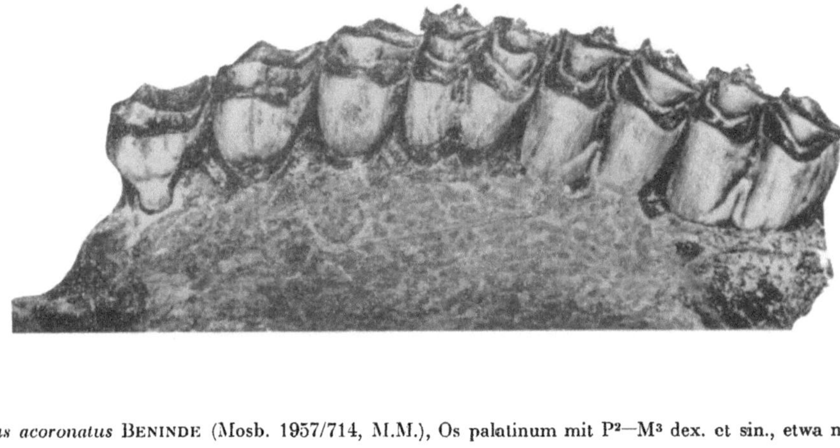

Cervus acoronatus BENINDE (Mosb. 1957/714, M.M.), Os palatinum mit P^2—M^3 dex. et sin., etwa nat. Gr.

„*Cervus*“ *elaphoides* n. sp. (Mosb. 1955/470, M.M.), rechte Abwurfstange (Bruchstück) etwa ²/₃ nat. Gr.

TAFEL 18

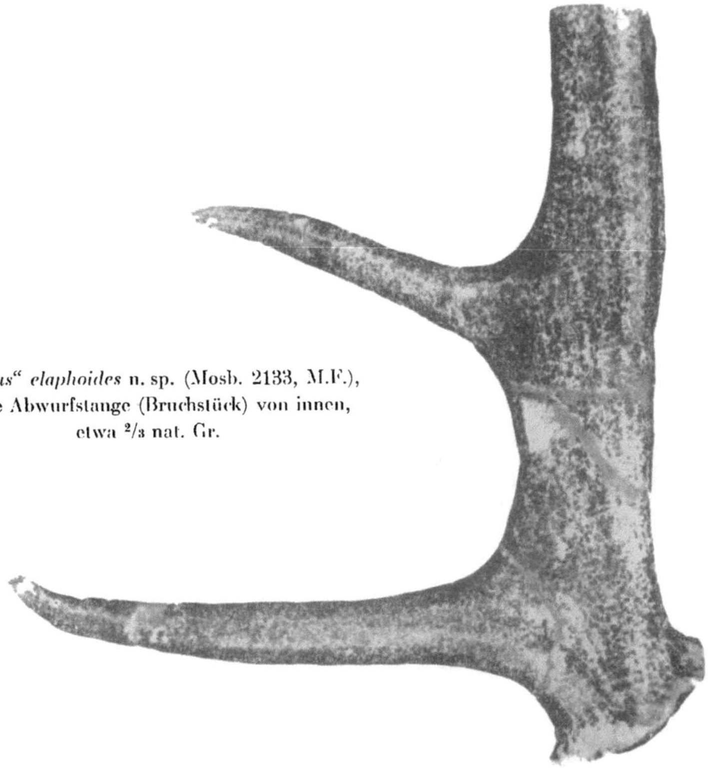

„*Cervus*" *elaphoides* n. sp. (Mosb. 2133, M.F.), rechte Abwurfstange (Bruchstück) von innen, etwa $^2/_3$ nat. Gr.

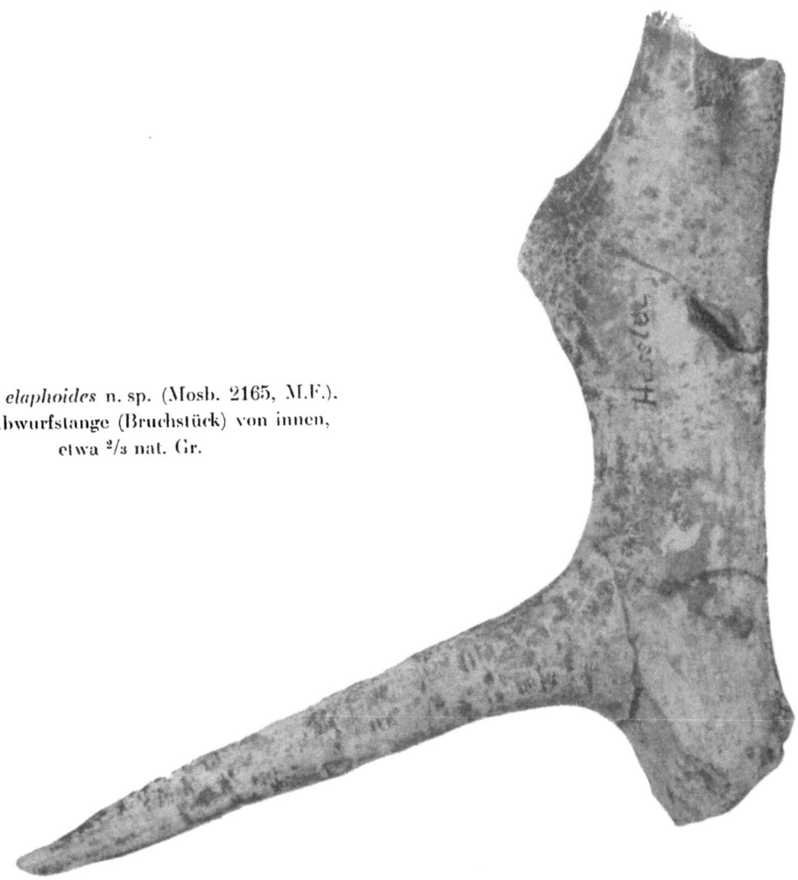

„*Cervus*" *elaphoides* n. sp. (Mosb. 2165, M.F.), rechte Abwurfstange (Bruchstück) von innen, etwa $^2/_3$ nat. Gr.

Capreolus süssenbornensis KAH. (Mosb. 1955/481, M.M.), linker Abwurf von innen, etwa $^2/_3$ nat. Gr.

TAFEL 20

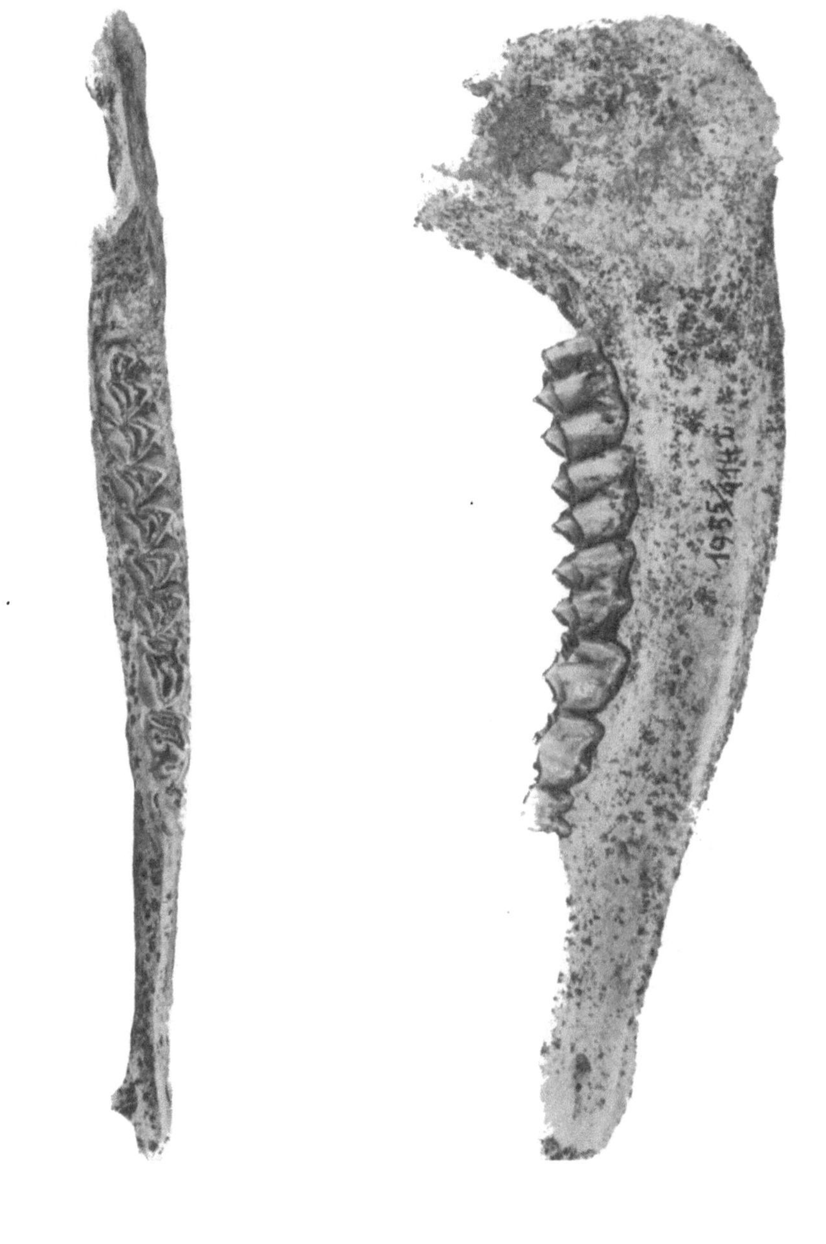

Capreolus süssenbornensis KAH. (Mosb. 1955/1142, M.M.), linkes Unterkieferbruchstück mit P_2—M_3, etwa nat. Gr.

Bei Fragen zur Produktsicherheit wenden Sie sich bitte an:
If you have any questions regarding product safety,
please contact:

Walter de Gruyter GmbH
Genthiner Straße 13
10785 Berlin
productsafety@degruyterbrill.com